Birgit Ennemoser

Ratgeber
Gehaltsextras

6. Auflage

- Möglichkeiten der Entgeltoptimierung
- auch in Zeiten von Kurzarbeit oder Entgeltreduzierungen

DATEV eG, 90329 Nürnberg (Verlag)

Ratgeber Gehaltsextras, 6. Auflage

© 2020 Alle Rechte, insbesondere das Verlagsrecht, allein beim Herausgeber.

Die Inhalte wurden mit größter Sorgfalt erstellt, erheben keinen Anspruch auf eine vollständige Darstellung und ersetzen nicht die Prüfung und Beratung im Einzelfall.

Dieses Buch und alle in ihm enthaltenen Beiträge und Abbildungen sind urheberrechtlich geschützt. Mit Ausnahme der gesetzlich zugelassenen Fälle ist eine Verwertung ohne Einwilligung der DATEV eG unzulässig.

Im Übrigen gelten die Geschäftsbedingungen der DATEV eG.

Printed in Germany

CPI Books GmbH, Birkstraße 10, 25917 Leck (Druck)

Angaben ohne Gewähr

Titelbild: © olly − stock.adobe.com

Stand: April 2020

DATEV-Artikelnummer: 35435/2020-04-01

E-Mail: literatur@service.datev.de   ISBN 978-3-96276-028-1

Auch als E-Book erhältlich (Art.-Nr.: 12226)   ISBN 978-3-96276-029-8

Birgit Ennemoser

Nach einem klassischen betriebswirtschaftlichen Studium mit Schwerpunkt Personal und Arbeitsrecht stieg Birgit Ennemoser direkt in die Personalarbeit ein und lernte diese von Grund auf kennen.

Heute ist Frau Ennemoser mit mehr als 20 Jahren praktischer Erfahrung in den verschiedenen Sparten des Personalwesens vorrangig beratend und als Trainerin und Seminarleiterin in vielfältigen Inhouse-Seminaren tätig und widmet sich immer wieder verschiedenen Fachthemen als Autorin unter praktischen Gesichtspunkten.

Seit 2009 leitet Frau Ennemoser das Geschäftsfeld Personal Services von Auren in Stuttgart. In enger Zusammenarbeit mit den weiteren Geschäftsfeldern von Auren, der Wirtschaftsprüfung, Steuerberatung und Rechtsberatung betreut sie gemeinsam mit ihren Mitarbeitern Firmenkunden im Rahmen personeller Belange mit einem Schwerpunkt auf der Entgeltabrechnung, der Begleitung von Lohnsteuer-Außenprüfungen und auch der Prüfungen durch die Deutschen Rentenversicherung.

Die dort vorhandene Vielzahl an Tarifgebieten, aber auch verschiedenen Branchen mit für diese jeweils typischen Herausforderungen, sorgen für einen täglichen praktischen Bezug der Aufgabenstellungen. Frau Ennemoser ist damit eine Expertin in den fachlichen Grundlagen, die sich diesen aber immer besonders aus praktischer Sicht nähert und deren Hinweise von vielen unserer Leser immer gerne genutzt werden.

Darüber hinaus ist Frau Ennemoser derzeit mit vielen hundert Anzeigen zum Leistungsausfall für Kurzarbeit beschäftigt, aber auch mit der Gestaltung derselben im Rahmen von Betriebsvereinbarungen, arbeitsvertraglichen Ansätzen sowie der Entgeltgestaltung in diesem Umfeld aktiv.

Editorial

Nettoentgeltoptimierung – der große Trend?

In den letzten Jahren wurde der Einsatz von Gehaltsextras, die vor ca. 5 bis 10 Jahren eher als Geheimtipp galten, zu einer Art Trend. Ohne ging es auf dem deutschen Arbeitsmarkt schon fast nicht mehr, so schien es, und immer mehr Arbeitgeber versuchten sich an der Thematik. Ergänzt wurde das Themenfeld in der Umsetzung der Unternehmen durch eine Vielzahl von Beratern, die sich der Ansätze annahmen und diese für Unternehmen aufbereiteten.

Wer sich aktuell mit den sogenannten Gehaltsextras beschäftigt, stellt fest: trotz des „Hype" und der umfangreichen „Bewerbung" nutzen noch längst nicht alle Unternehmen diesen Ansatz, aber aktuell erfahren immer mehr Arbeitgeber nach der anfänglichen Begeisterung nun Einschränkungen durch negative Ergebnisse in Lohnsteuerprüfungen bzw. deutlich gesagt durch Nachversteuerungen.

Zur Abgrenzung auf dem Markt – im Verhältnis zu unterschiedlichen Konkurrenten – können die Gehaltsextras ein sehr gutes Mittel sein. Wichtig ist aber eine absolut sorgfältige Umsetzung, begonnen bei der arbeitsrechtlichen Gestaltung, da diese oftmals die Grundlage für die steuerliche und final sozialversicherungsseitige Einschätzung bildet.

Der Gedanke, Mitarbeitern Gutes zu tun oder zu deren Wohlbefinden beizutragen, sollte dabei nach wie vor im Vordergrund stehen. Ob man dies bis zur Einstellung eigener Feel-Good-Manager vorantreibt, bleibt jedem selbst überlassen.

Mag man über die Bezeichnung dieses Berufszweiges manchmal schmunzeln, letztlich verbirgt sich dahinter ein Mensch, der sich um die Belange der Mitarbeiter und deren Wohlgefühl kümmert. War das früher oftmals der direkte Vorgesetzte oder aber die Personalabteilung, so führen neue Strukturen wie die Formen des agilen Arbeitens dazu, dass es diese hierarchischen Vorgesetzen-Funktionen gar nicht mehr gibt. In kleineren Unternehmen ist das „Feel-Good-Management" tatsächlich aber nach wie vor die Führungsriege und/oder die Personalabteilung.

Fakt ist, dass man bereits vor 100 Jahren wusste: Mitarbeiter, die sich wohl fühlen, leisten viel und oftmals deutlich mehr als Mitarbeiter, die ihrer Arbeit nachgehen, aber mit wenig Begeisterung den morgendlichen Weg zur Arbeit antreten. Wie sorgt man für das Wohlbefinden des einzelnen Mitarbeiters?

Psychologisch betrachtet wird der eine Kollege eher auf verbale Streicheleinheiten reagieren, der andere eher monetär zu begeistern sein.

Was nach wie vor – unabhängig von Motivationstheorien wie Herzberg oder Maslow – zu funktionieren scheint, ist die Schaffung von Motivationsanreizen durch finanzielle Mittel. Generell erfreuen sich aber insbesondere Zahlungen oder Leistungen, die nicht ganz alltäglich sind und den Arbeitgeber manchmal auch eher kreativ etwas fordern, oftmals hoher Beliebtheit. Abgesehen davon, dass eine Steigerung der Personalkosten durch hohe Bruttoentgeltanpassungen ohnehin auch nur in gewissen Grenzen realisierbar sein dürfte.

Hier lohnt es sich, genauer ins Detail zu gehen. Insbesondere, da es bei diesen Überlegungen ja nicht nur darum geht, neue Mitarbeiter zu gewinnen, sondern auch für die Bestandsbelegschaft spannend zu sein und zu bleiben. Damit sind wir wieder bei den sogenannten Nettoentgeltoptionen, die in Form einer abgabenoptimierten Lohnabrechnung möglichst viel netto unter Abzug von wenig Steuern und Sozialversicherungsanteilen für den Mitarbeiter bedeuten. Zum anderen entfalten viele dieser Ansätze auch eine erhebliche Bindungswirkung, da man sie nicht überall erhält und oftmals auch nicht direkt von Arbeitgeber zu Arbeitgeber mitnehmen kann.

Bei der Auswahl dieser Themen ist mittlerweile Vorsicht geboten: Es gibt in den deutschen Lohnsteuerrichtlinien mehr als 80 Ansätze für die Reduzierung der Steuerlast. Rein rechtlich ist dies durchaus korrekt, doch wenn Sie erst einmal einen weiteren Mitarbeiter in der Personalabteilung einstellen müssen, der diese Dinge betreut und verwaltet, dann stellt sich die Frage, ob Aufwand versus Nutzen da noch in einem guten Verhältnis stehen. Darüber hinaus beobachtet das Bundesfinanzministerium diese Gehaltsextras sehr genau, sodass hier eine extrem klare Umsetzung erforderlich ist und die Finanzämter die Auslegung der Vorgaben dazu deutlich verschärft und damit die Latte für die Hürde dazu deutlich höher gelegt hat.

Stuttgart, April 2020   *Birgit Ennemoser*

Mehr zum Thema finden Sie auch unter:
www.datev.de/gehaltsextras

Inhalt

1	Mitarbeiter belohnen	11
2	Entgeltoptimierungsmaßnahmen	14
3	Voraussetzungen für steuerfreie oder pauschal versteuerte Entgeltbestandteile	23
3.1	Zusätzlichkeitserfordernis	23
3.2	Tarifverträge und Gehaltsextras	28
3.3	Lohnsteuer- und Sozialversicherungsprüfungen	29
4	Sozialversicherungspflicht bei steuerfreien oder pauschal versteuerten Zahlungen	33
5	Ermittlung der Pauschalsteuer im Rahmen der Lohnabrechnung	37
5.1	Pauschalierung der Lohnsteuer	37
5.2	Pauschalierung der Kirchensteuer	38
5.3	Pauschalierbare Leistungen	42
5.4	Abwälzung der Pauschalsteuer	43
6	Entgeltgestaltung durch steuerliche und sozialversicherungsrechtliche Besonderheiten	44
6.1	Steuerfreie Leistungen	44
6.1.1	Arbeitskleidung	45
6.1.2	Aufmerksamkeiten	48
6.1.3	BahnCard	55
6.1.4	Belegschaftsrabatte	60
6.1.5	Betriebliche Altersversorgung	66
6.1.5.1	Heutige Durchführungswege der bAV	67
6.1.5.2	Das neue Betriebsrentenstärkungsgesetz	69
6.1.5.3	„Altfälle" der betrieblichen Altersversorgung	79
6.1.5.4	„Neufälle" der betrieblichen Altersversorgung	80

6.1.5.5   Gesetzlicher Anspruch des Mitarbeiters 80
6.1.5.6   Betriebliche Altersversorgung und Kurzarbeit 82
6.1.6   Betriebssport.. 83
6.1.7   Betriebsveranstaltungen 85
6.1.8   Computer 88
6.1.9   Darlehen 90
6.1.10   Dienstleistungen und Waren 94
6.1.10.1 Sachbezugsfreigrenze von 44 Euro 94
6.1.10.2 Warengutscheine 99
6.1.11   Gesundheitsförderung 108
6.1.12   Job-Tickets 113
6.1.12.1 Personennahverkehr 113
6.1.12.2 Personenfernverkehr 117
6.1.13   Kindergartenzuschüsse und
           Betreuungskostenübernahme 118
6.1.13.1 Kindergartenzuschüsse 118
6.1.13.2 Zuschüsse zur Beratung und Vermittlung von
           Kinderbetreuung oder der Betreuung
           pflegebedürftiger Angehöriger 120
6.1.13.3 Steuerfreie kurzfristige Betreuung von Kindern
           und pflegebedürftiger Angehöriger 121
6.1.14   Kundenbindungsprogramme 122
6.1.15   Mankogelder 124
6.1.16   Mitarbeiterbeteiligungen/Aktienüberlassung 125
6.1.17   Parkplatzanmietung 128
6.1.18   Reisekosten 129
6.1.18.1 Definition erste Tätigkeitsstätte und
           arbeitsvertragliche Regelungen 130
6.1.18.2 Arten von Reisekosten 133
6.1.19   Telefonkosten 136
6.1.19.1 Überlassung betrieblicher
           Telekommunikationsgeräte 136
6.1.19.2 Abrechnung der Telefonkosten von privaten
           Telefongeräten 138

6.1.20   Umzugskosten 140
6.1.21   Weiterbildungsmaßnahmen 145
6.1.22   Werbeflächenvermietung auf privaten Pkws 147
6.1.23   Werkzeuggelder..148
6.1.24   Wohnungsüberlassung 149
6.2   Pauschalbesteuerte Lohnbestandteile...................152
6.2.1   Computer – Übereignung an Mitarbeiter.............152
6.2.2   Erholungsbeihilfen 152
6.2.3   Fahrtkostenzuschüsse...154
6.2.4   Firmenwagen zur privaten Nutzung 157
6.2.4.1 Individuelle Nutzungswertermittlung 158
6.2.4.2 Pauschale Nutzungswertermittlung 161
6.2.4.2.1 Private Nutzung nach der 1 %-Methode 164
6.2.4.2.2 Fahrten zwischen Wohnung und erster
         Tätigkeitsstätte – 0,03 %-Regelung 166
6.2.4.2.3 Pauschale Nutzungswertermittlung 0,002 % –
         geringere Nutzung des Firmenwagens oder
         Ansatz bei Familienheimfahrten............................172
6.2.4.3 Pauschale Nutzungswertermittlung 0,001 % –
         gelegentliche Nutzung...174
6.2.4.4 Zuzahlungen zu Firmenwägen –
         Bruttoentgeltumwandlung –
         Nettoentgeltumwandlung......................................176
6.2.4.5 Sonderfall Elektrofahrzeuge 177
6.2.5   Fahrräder im Fuhrpark 185
6.2.5.1 Einstufung eines E-Bikes als Fahrrad...................187
6.2.5.2 Einstufung als Kraftfahrzeug 189
6.2.5.3 Lohn- und Umsatzsteuer auf eine Schenkung
         vom Arbeitgeber 192
6.2.5.4 Exkurs Sonderfall JobRad.....................................193
6.2.6   Incentives 194
6.2.6.1 § 37b EStG für Mitarbeitergeschenke 195
6.2.6.2 § 37b EStG für Kundengeschenke 196

6.2.7	Gruppenunfallversicherung	197
6.2.8	Internet – Erstattung von Kosten an den Mitarbeiter	199
6.2.9	Mahlzeiten	200
6.2.9.1	Gewährung von Mahlzeiten in einer eigenen Kantine	200
6.2.9.2	Essensmarken/Restaurantschecks	201
6.2.9.3	Mahlzeiten im Rahmen von außergewöhnlichen Arbeitseinsätzen	202
6.2.10	Unterkunft/Wohnung	203
6.2.11	VIP-Logen	204
6.3	Sonstige Leistungen an den Arbeitnehmer	205
6.3.1	Betriebliche Krankenversicherung	205
6.3.2	Kontoführungsgebühren	207

7   Einholen Auskunftsersuchen ... 208

8   Exkurs Abfindung ... 209

9   Exkurs Pfändungen ... 216

10   Weitere Unterstützungsmaßnahmen für Mitarbeiter in der Krise ... 220

10.1	Steuerfreier Zuschuss von 1.500 Euro möglich	220
10.2	Das neue Kurzarbeitergeld	220
10.3	Corona Grundsicherung - Vereinfachter Antrag zu ALG II	222
10.4	Notfall-Kinderzuschlag als Part des Sozialschutz-Pakets	224
10.5	Änderungen bei kurzfristigen Beschäftigungen	225
10.6	Hinzuverdienstgrenze für Rentner erhöht	226

11   Ausblick ... 227

1 Mitarbeiter belohnen

Danke sagen ist in den letzten Monaten von einer üblichen Floskel zu einer Aussage mit besonderer Bedeutung geworden. Man bedankt sich bei den Mitarbeitern im Lebensmittelgeschäft, bei den Paketboten, bei den Apothekenmitarbeitern und den Bäckern, um nur eine kleine Auswahl an Berufsgruppen zu benennen. Man spendet besonderen Dank in Form von abendlichem Applaus an die Ärzte, die Mitarbeiter in den Krankenhäusern und die Pflegekräfte, die sich dem Kampf für uns und gegen COVID 19 verschrieben haben.

Mit dieser Ausgabe wollen wir die Wahrnehmung betreffend Entgeltoptimierung erweitern und – unter Berücksichtigung und Hinweis auf die neue Rechtsprechung – aufzeigen, dass diese Maßnahmen auch ein Mittel des Dankes sein können.

Bereits seit längerer Zeit begleiten uns in den Gehaltsextras einige potenzielle neue Mitarbeiter, die wir auch in diesem Jahr entsprechend kurz vorstellen möchten. Heute begrüßen wir also:

Franziska Frohsinn, 25 Jahre alt, hat vor einem halben Jahr ihr Studium abgeschlossen und möchte nun zeigen, was sie kann. Sie verfügt über hervorragende Zeugnisse, ist unverheiratet und verfügt bis dato nur über Berufserfahrung aus Praktika und Ferienjobs.

Erich Ehrlich, 39 Jahre alt, verheiratet und in der Phase der Familienplanung. Das erste Kind mit fünf Jahren ist bereits da, das zweite bereits in der „Entstehung". Eine Eigentumswohnung ist vorhanden, aufgrund der weiteren Kinderplanung soll diese verkauft werden und der Hausbau zur Schaffung des neuen Domizils schreitet voran. Herr Ehrlich verfügt über keine guten Ausbildungsergebnisse, hat sich aber in seinen 16 Jahren

Berufserfahrung ein extrem umfangreiches Wissen angeeignet und ist daher sehr versiert in seiner fachlichen Umgebung.

Klaus Klug, 52 Jahre alt, Vater von zwei Teenagern, wobei der ältere Sohn in Kürze das Abitur bestehen wird und dann ein Studium in einer anderen Stadt anstrebt. Aufgrund seiner 33 Jahre Berufserfahrung gilt er als Koryphäe in seinem Aufgabengebiet. Bei seinem jetzigen Arbeitgeber ist Herr Klug seit 15 Jahren beschäftigt.

Abgesehen davon, dass wir uns vergleichbare Kandidaten mit entsprechender fachlicher Tiefe in der Praxis erst einmal mit großem Aufwand suchen müssen, sind diese Beschreibungen doch sicherlich realitätsnah.

Gehaltsextras haben Anhänger und Gegner, insbesondere in den letzten Jahren haben sich die kritischen Stimmen innerhalb von Unternehmen gemehrt: Arbeitnehmer erkennen, dass Nettoentgeltoptimierung eben genau dies ist: eine höhere Nettozahlung. Es entsteht daraus keine Wirkung auf die Sozialversicherung und damit erhöht sich daraus auch nicht die Rentenzahlung, die man zu einem späteren Zeitpunkt erhalten wird. Das ist absolut korrekt und sollte in Überlegungen dieser Art immer Beachtung finden.

Ebenso finden diese Zahlungen keinen Eingang in die Arbeitslosenversicherung. Ein Umstand, der gerade Freude und gleichzeitig Unverständnis auslöst. Unternehmen beantragen Kurzarbeitergeld und müssen die Nettoentgeltmaßnahmen weiterhin selbst bezahlen, da diese keinen Eingang in die Kalkulation von Kurzarbeitergeld erfahren und nicht von der Agentur für Arbeit erstattet werden.

Andere Betriebe begrüßen dies und freuen sich, dass sie den Mitarbeitern in Zeiten von Entgeltkürzungen wenigstens noch kleine Zugeständnisse machen können, die den Mitarbeiter auch netto erreichen.

Richtig oder falsch gibt es hier sicher nicht. Die Option der Nutzbarkeit hängt immer von der jeweiligen Situation im Unternehmen ab.

Um hier den Überblick zu behalten, haben wir erneut die Möglichkeiten der Entgeltgestaltung zusammengestellt und erläutern Ihnen nachfolgend erst einmal die Möglichkeiten, die überhaupt denkbar sind und zeigen die steuerliche und sozialversicherungsrechtliche Komponente dazu auf.

2 | Entgeltoptimierungsmaßnahmen

Vielfach hörte man in den letzten Jahren das Schlagwort „Netto-Entgeltoptimierung". Diese Maßnahmen werden seitens Arbeitnehmer und Arbeitgeber als attraktiv wahrgenommen. Arbeitnehmer erleben einen höheren Auszahlungsbetrag für sich, Arbeitgeber profitieren von den insgesamt betrachtet geringeren Personalkosten.

In den letzten Jahren entwickelten sich diese Bausteine und Ansätze in den Unternehmen teils überproportional. Mittlerweile aber gibt es vermehrt Berichte von auftretenden Problemen bei Lohnsteuer - und besonders Sozialversicherungsprüfungen.

Hier können wir nach zahllosen erfolgreich begleiteten Lohnsteuer- und Sozialversicherungsprüfungen untermauern, dass diese Maßnahmen unter sorgfältiger Durchführung rechtssicher durchgeführt werden können. In den Fällen, in denen Schwierigkeiten auftraten, war im Vorfeld die Abstimmung mit den Finanzämtern und der Sozialversicherung ungenau oder gar nicht erfolgt, die arbeitsrechtlichen begleitenden Maßnahmen waren nicht ordnungsgemäß umgesetzt oder aber zu einem späteren Zeitpunkt oder aber sogar schon im Rahmen der Einführung verändert, sodass sich diese nicht mehr im Rahmen der gesetzlich vorgegebenen Rahmenbedingungen befanden.

Fakt ist definitiv, dass die Umsetzung dieser Maßnahmen immer mehr Detailwissen und Expertise erfordert.

Insbesondere in Kombination mit Kurzarbeitergeld ist der Einstufung und Prüfung von Zahlungen nach Unterscheidung in die unterschiedlichen Rechtsgebiete Arbeitsrecht, Lohnsteuer- und Sozialversicherungsrecht genaue Beachtung zu schenken.

Doch was genau geschieht denn eigentlich bei der Entgeltoptimierung? Im Prinzip werden dem einzelnen Mitarbeiter in der Regel Sachbezüge als Ersatz für bestehende oder zukünftig zu zahlende Entgelte mit steuer- und sozialversicherungsrechtlichen Vorteilen für Arbeitgeber und Arbeitnehmer zugesagt. Der Arbeitnehmer erhält einen Mehrwert in Form von höheren Nettozahlungen. Das Unternehmen reduziert gleichzeitig seine Lohnnebenkosten. Somit können beide Parteien einen Vorteil aus den Entgeltoptimierungsmaßnahmen ziehen.

Um Mitarbeitern ein höheres Netto zukommen zu lassen, wäre auch die Nettohochrechnung eine Option. Diese wäre aber dauerhaft ein sehr teures Medium.

Ausgehend vom Beispiel Frau Frohsinn zeigen wir Ihnen nachfolgend einmal die Unterschiede in den Kostenbelastungen und den Ergebnissen beim Mitarbeiter auf.

Frau Frohsinn, nicht verheiratet und damit mit Lohnsteuerklasse I aktiv, erhält bisher 2.500 Euro Bruttoeinkommen und soll eine Gehaltserhöhung um 100 Euro erhalten. Frau Frohsinn ist kirchensteuerpflichtig und gesetzlich krankenversichert.

Dies würde zu folgendem Ergebnis führen:

Bisheriges Bruttoeinkommen	Euro	2.500,00
Lohnsteuer	Euro	284,41
Kirchensteuer	Euro	22,75
Soli-Zuschlag	Euro	15,64
SV-Anteile		
■ Krankenversicherung	Euro	196,25
■ Rentenversicherung	Euro	232,50
■ Arbeitslosenversicherung	Euro	30,00
■ Pflegeversicherung	Euro	44,38
Nettoeinkommen	Euro	1.674,07

			2Z1	3663/99998/00111
Abrechnung der Brutto/Netto-Bezüge für Januar 2020				15.02.2020 Blatt 1

Personal-Nr.	Geburtsdatum	StKl	Faktor	K.Frbtr	Konfession	Freibetrag jährl.	Freibetrag mtl.	DBA	Mdjob	St.-Tg	VJ Url.Ub	Url.Anspr	Url.Tg gen	Resturlaub
00111	01.01.95	1		rk						30				

SV-Nummer	Krankenkasse		KK %	PGRS	BGRS	Um.-SV.Tg	Anw. Tage	Urlaub Tage	Krankh. Tg	Fehlz. Tage
157	AOK Bayern Die Gesundheitskas			101	1111	2 30				

		Eintritt	Austritt	Anw. Std.	Urlaub Std.	Krankh. Std	Fehlz. Std
Probeabrechnung		01.01.19					
		Steuer-ID	MFB		Zeitlohn Std.	Überstd	Bez Std

Testmandant *Teststraße 12*12345 Teststadt

Pers -Nr 00111 B/N 2Z1 99998 Hinweise zur Abrechnung

Franziska Frohsinn
Musterstraße 11
12345 Musterstadt

Brutto-Bezüge

Lohnart	Bezeichnung	Einheit	Menge	Faktor	Prozentsatz	St	SV	GB	Betrag
2000	Gehalt					L	L	J	2.500,00

	Gesamt-Brutto
	2.500,00

Steuer/Sozialversicherung

St	Steuer-Brutto	Lohnsteuer	Kirchensteuer	Solidaritätszuschlag	Steuerrechtliche Abzüge
L	2.500,00	284,41	22,75	15,64	322,80

SV	KV-Brutto	RV-Brutto	AV-Brutto	PV-Brutto	KV-Beitrag	RV-Beitrag	AV-Beitrag	PV-Beitrag	SV-rechtliche Abzüge
L	2.500,00	2.500,00	2.500,00	2.500,00	196,25	232,50	30,00 Z	44,38	503,13

	Netto-Verdienst
	1.674,07

Verdienstbescheinigung			Netto-Bezüge/Netto-Abzüge	
Gesamt-Brutto	2.500,00	SV-Brutto	2.500,00	
Steuer-Brutto	2.500,00	KV-Beitrag	196,25	
Lohnsteuer	284,41	RV-Beitrag	232,50	
Kirchensteuer	22,75	AV-Beitrag	30,00	
Solidaritätszuschlag	15,64	PV-Beitrag	44,38	
Steuerfreie Bezüge		VWL gesamt		
P. verst. Zuk.sich		Kug Auszahlung		
Pfändung Rest				
Darlehen Rest				

Betrag erhalten:

Bank		SV-AG-Anteil	Zus. AG-Kosten	Gesamtkosten	Auszahlungsbetrag
Konto		496,88	14,75	3.011,63	1.674,07

DATEV

PROBEABRECHNUNG

Für den Arbeitgeber sähe das ohne Berücksichtigung der Beiträge an die Berufsgenossenschaft wie folgt aus:

Bruttoeinkommen	Euro	2.500,00
■ Krankenversicherung	Euro	196,25
■ Rentenversicherung	Euro	232,50
■ Arbeitslosenversicherung	Euro	30,00
■ Pflegeversicherung	Euro	38,13
Gesamtsumme SV	Euro	496,88
Umlagen	Euro	14,75
Gesamtkosten	Euro	3.011,63

Bei Erhöhung des Einkommens um die avisierten 100 Euro **brutto**:

Neues Bruttoeinkommen	Euro	2.600,00
Lohnsteuer	Euro	307,91
Kirchensteuer	Euro	24,63
Soli-Zuschlag	Euro	16,93
SV-Anteile		
■ Krankenversicherung	Euro	204,10
■ Rentenversicherung	Euro	241,80
■ Arbeitslosenversicherung	Euro	31,20
■ Pflegeversicherung	Euro	46,15
Nettoeinkommen	Euro	1.727,28

Abrechnung der Brutto/Netto-Bezüge **für Januar 2020**

								2Z1	3663/99998/00111
									15.02.2020 Blatt 1

Personal-Nr.	Geburtsdatum	StKl Faktor	K. Frbtr.	Konfession	Freibetrag jährl.	Freibetrag mtl.	DBA	Midijob	St.-Tg.	VJ Url Ub	Url. Anspr.	Url Tg gen.	Resturlaub
00111	010195	1		rk					30				

SV-Nummer	Krankenkasse				KK %	PGRS	BGRS	Um. SV-Tg.	Anw. Tage	Urlaub Tage	Kranish Tg.	Fehlz. Tage
	AOK Bayern Die Gesundheitskas	15,7	101	1111	2	30					

		Eintritt	Austritt	Anw. Std.	Urlaub Std.	Kranish. Std	Fehlz. Std
		010119					

Probeabrechnung

Steuer ID MFB

Zeitlohn Std Übersld Bez. Std

*Testmandant *Test straße 123*12345 Teststadt*

Pers.-Nr. 00111

B/M 2Z1 99998

Hinweise zur Abrechnung

Franziska Frohsinn
Musterstraße 11
12345 Musterstadt

Brutto-Bezüge

Lohnart	Bezeichnung	Einheit	Menge	Faktor	Prozentsatz	St	SV	GB	Betrag
2000	Gehalt					L	L	J	2.600,00

	Gesamt-Brutto
	2.600,00

Steuer/Sozialversicherung

St	Steuer-Brutto	Lohnsteuer	Kirchensteuer	Solidaritätszuschlag			Steuerrechtliche Abzüge
L	2.600,00	307,91	24,63	16,93			349,47

SV	KV-Brutto	RV-Brutto	AV-Brutto	PV-Brutto	KV-Beitrag	RV-Beitrag	AV-Beitrag	PV-Beitrag	SV-rechtliche Abzüge
L	2.600,00	2.600,00	2.600,00	2.600,00	204,10	241,80	31,20 Z	46,15	523,25

	Netto-Verdienst
	1.727,28

Verdienstbescheinigung

				Netto-Bezüge-Netto-Abzüge	
Gesamt-Brutto	2.600,00	SV-Brutto	2.600,00	Lohnart Bezeichnung	Betrag
Steuer-Brutto	2.600,00	KV-Beitrag	204,10		
Lohnsteuer	307,91	RV-Beitrag	241,80		
Kirchensteuer	24,63	AV-Beitrag	31,20		
Solidaritätszuschlag	16,93	PV-Beitrag	46,15		
Steuerfreie Bezüge		VWL gesamt			
P. verst. Zuk. sich.		Kug-Auszahlung			
Pfändung Rest					
Darlehen Rest					

Betrag erhalten:

Bank				SV-AG-Anteil	Zus. AG-Kosten	Gesamtkosten	Auszahlungsbetrag
Konto				516,75	15,34	3.132,09	1.727,28

H – Hinzurechnungsbetrag
Std – Stunden, T = Tage, Km = Kilometer, St = Stück
EUR = Euro, Tsd = Tausend Euro, Mio = Million Euro
Gegenwert aus Netto Lohn/Netto-Sonderlohn

L = Laufender Bezug, S = Sonstiger Bezug, F = Frei
E = Einmalbezug, P = Pauschalierung, A = Abmeldung
M = mehrjährige Versteuerung, N = Nachberechnung
V = Vorjahr, N = Entgeltguthaben

J = Restanteil des Gesamt-Brutto
Z = Erhöht. Beitragszuschlag zur PV für Kinderlose
MFB = Mehrfachbeschäftigung
Maßgeblicher Beitragssatz zur KV inkl. Zusatzbeitrag

Dies ist eine Entgeltbescheinigung nach § 108 Abs. 3 Satz 1 der Gewerbeordnung

DATEV

PROBEABRECHNUNG

Für den Arbeitgeber sähe das ohne Berücksichtigung der Beiträge an die Berufsgenossenschaft wie folgt aus:

Neues Bruttoeinkommen	Euro	2.600,00
▪ Krankenversicherung	Euro	204,10
▪ Rentenversicherung	Euro	241,80
▪ Arbeitslosenversicherung	Euro	31,20
▪ Pflegeversicherung	Euro	39,65
Gesamtsumme SV	Euro	516,75
Umlagen	Euro	15,34
Gesamtkosten	Euro	3.132,09

Frau Frohsinn erhält in dieser Berechnung von den zugesagten 100 Euro brutto 53,21 Euro netto. Die Kosten beim Arbeitgeber steigen dafür aber um 120,46 Euro an.

Erhöhen wir das Einkommen von 2.500 Euro brutto in der Form, dass Frau Frohsinn die avisierten 100 Euro netto und nicht brutto erhält, sich also ihr bisheriges Netto aus 2.500 Euro brutto von 1.674,07 Euro netto auf 1.774,07 Euro netto erhöht, setzen sich die Zahlen wie folgt zusammen:

Neues Bruttoeinkommen	Euro	2.688,31
Lohnsteuer	Euro	328,83
Kirchensteuer	Euro	26,30
Soli-Zuschlag	Euro	18,08
SV-Anteile		
▪ Krankenversicherung	Euro	211,04
▪ Rentenversicherung	Euro	250,01
▪ Arbeitslosenversicherung	Euro	32,26
▪ Pflegeversicherung	Euro	47,72
Nettoeinkommen	Euro	1.774,07

Abrechnung der Brutto/Netto-Bezüge	für Januar 2020							2Z1	3663/99998/00111	
									15.02.2020 Blatt 1	

Personal-Nr.	Geburtsdatum	StKl	Faktor	Ki Frbtr	Konfession	Freibetrag jährl.	Freibetrag mtl.	DBA	Midijob	St.-Tg	VJ Url.ub	Url Anspr	Url.Tg.gen	Resturlaub
00111	010195	1			rk					30				

SV-Nummer	Krankenkasse						KK %	PGRS	BGRS	Um. SV.Tg	Anw Tage	Urlaub Tage	Krankh Tg	Fehlz Tage
	AOK Bayern Die Gesundheitskas						15,7	101	1111	2 30				

Probeabrechnung

					Eintritt	Austritt		Anw Std	Urlaub Std	Krankh Std	Fehlz Std
					010119						
					Steuer ID		MFB	Zeitlohn Std	Überstd	Bez Std	

Testmandant *Teststraße 123*12345 Testort

Pers.-Nr. 00111   B/N 2Z1 99998   Hinweise zur Abrechnung

Franziska Frohsinn
Musterstraße 11
12345 Musterstadt

Brutto-Bezüge

Lohnart	Bezeichnung	Einheit	Menge	Faktor	Prozentsatz	St	SV	GB	Betrag
2000	Gehalt					L	L	J	2.500,00
2102	Nettogehalt		100,00			L	L	J	188,31

	Gesamt-Brutto
	2.688,31

Steuer-/Sozialversicherung

St	Steuer-Brutto	Lohnsteuer	Kirchensteuer	Solidaritätszuschlag	Steuerrechtliche Abzüge
L	2.688,31	328,83	26,30	18,08	373,21

SV	KV-Brutto	RV-Brutto	AV-Brutto	PV-Brutto	KV-Beitrag	RV-Beitrag	AV-Beitrag	PV-Beitrag	SV-rechtliche Abzüge
L	2.688,31	2.688,31	2.688,31	2.688,31	211,04	250,01	32,26 Z	47,72	541,03

	Netto-Verdienst
	1.774,07

Verdienstbescheinigung

				Netto-Bezüge/Netto-Abzüge		
Gesamt Brutto	2.688,31	SV-Brutto	2.688,31	Lohnart	Bezeichnung	Betrag
Steuer Brutto	2.688,31	KV-Beitrag	211,04			
Lohnsteuer	328,83	RV-Beitrag	250,01			
Kirchensteuer	26,30	AV-Beitrag	32,26			
Solidaritätszuschlag	18,08	PV-Beitrag	47,72			
Steuerfreie Bezüge		VWL gesamt				
P. verst. Zuk.sich		Kug-Auszahlung				
Pfändung Rest						
Darlehen Rest						

Betrag erhalten:

Bank				SV-AG-Anteil	Zus. AG-Kosten	Gesamtkosten	Auszahlungsbetrag
Konto				534,31	15,86	3.238,48	1.774,07

1 H = Hinzurechnungsbetrag
2 Std = Stunden, T = Tage, Km = Kilometer, St = St.Ux
3 EUR = Euro, Tsd = Tausend Euro, Mio = Million Euro
4 Gegenwert ist Netto-Lohn Netto-Gleizentrim
ALP form-Nr PODN14

1 L = Laufender Bezug, S = Sonstiger Bezug, F = Frei
E = Einmalbezug, P = Pauschalierung, A = Abführung
M = mehrjährige Versteuerung, N = Nachberechnung
V = Vorjahr, W = I Vorjahrszeitraum
Drei oder eine Erhebtbescheinigung nach § 108 Abs 3 Satz 1 der Gewerbeordnung

2 z = Bestandteil des Gesamt-Brutto
Z = Erstattt Beitragszuschlag zur Pfl für Kinderlose
MFB = Mehrfachbeschäftigung
3 Maßgeblicher Beitragsgrundsatz zur AV inkl. Zusatzbeitrag

DATEV

PROBEABRECHNUNG

Für den Arbeitgeber sähe das ohne Umlage 1, 2 und 3 sowie ohne Berücksichtigung der Beiträge an die Berufsgenossenschaft wie folgt aus:

Neues Bruttoeinkommen	Euro	2.688,31
■ Krankenversicherung	Euro	211,04
■ Rentenversicherung	Euro	250,01
■ Arbeitslosenversicherung	Euro	32,26
■ Pflegeversicherung	Euro	41,04
Gesamtsumme SV	Euro	534,35
Umlagen	Euro	15,86
Gesamtkosten	Euro	3.238,52

Frau Frohsinn erhält in dieser Berechnung die zugesagten 100 Euro **netto**. Die Kosten beim Arbeitgeber steigen dafür aber um 226,89 Euro an.

Die Nettoentgeltoptimierung befasst sich mit den Bausteinen, die aufgrund der gängigen Gesetzgebung, der Lohnsteuerrichtlinien und der BFH-Rechtsprechung eine Auszahlung netto zulassen oder aber sonstige Vergünstigungsoptionen möglich machen, wie z. B. die Zahlung pauschal versteuert und damit im Regelfall sozialversicherungsfrei.

In unserem Beispiel würden sich die Kosten bei einer Nettoerhöhung des Gehalts um 100 Euro auch nur um 100 Euro oder aber schlechtestenfalls bei Anwendung einer Pauschalierungsoption mit 25 % Pauschalsteuer um z. B. 144,36 Euro erhöhen (auf die Ermittlung der Pauschalsteuer gehen wir noch in →*Kapitel 5* ein). Also ein erheblicher Unterschied zu den oben errechneten Mehrkosten von 226,89 Euro.

Final zu betrachten wäre hier nun noch die Berechnung bei Kurzarbeit. Im Rahmen der sogenannten Kurzarbeit Null, also 100 % Kurzarbeit und gar keinem Einsatz mehr im Unternehmen, würden die Nettoentgeltmaßnahmen als arbeitsrechtliche Zusage zunächst erst einmal bestehen bleiben. Bestimmte Bestandteile wie Fahrtkostenzuschüsse sind sicherlich zu hinterfragen, wenn Menschen nicht mehr in die Arbeit fahren. Internetzuschüsse, Sachbezüge und ähnliche Ansätze können aber auch im Rahmen von Kurzarbeit weiter fortgeführt werden.

Nachfolgend gehen wir auf die einzelnen Gestaltungsoptionen ein.

3 Voraussetzungen für steuerfreie oder pauschal versteuerte Entgeltbestandteile

In der gegenwärtigen Situation hat die Betrachtung und Prüfung der Personalkosten eine ganz neue Bedeutung erhalten. Sportstudios, die ihre Tore aufgrund behördlicher Anordnung schließen müssen, müssen trotzdem weiter ihre Mitarbeiter bezahlen. Gleiches gilt für extrem viele Berufsgruppen derzeit.

Welche Details man als Unternehmen seinen Mitarbeitern zukommen lassen und wo man durch geschickte steuerliche Gestaltung noch bessere Ergebnisse für die Mitarbeiter erzielen kann, obliegt der Entscheidung des jeweiligen Unternehmens.

Der Gesetzgeber macht die Gewährung der Lohnsteuerfreiheit im Regelfall davon abhängig, dass der Arbeitgeber besonderen Aufzeichnungs- und Dokumentationspflichten nachkommt. Dies kann einen erheblichen Aufwand nach sich ziehen und darf daher nicht aus den Augen verloren werden. Daneben fußen lohnsteuerliche und sozialversicherungsrechtliche Spielräume meist auf einer festen arbeitsrechtlichen Basis.

Man hört in diesem Zusammenhang häufig die Begrifflichkeit:

3.1 Zusätzlichkeitserfordernis

Gemeint ist damit ganz einfach, dass bestimmte Zahlungen nur **zusätzlich** zum ohnehin geschuldeten Arbeitslohn zu gewähren sind, um eine Lohnsteuer- und Sozialversicherungsfreiheit zu erzielen. Die Bedingungen zur Erfüllung dieser Zusätzlichkeitserfordernis wurden allerdings von einzelnen Parteien unterschiedlich ausgelegt. Besonders die Einhaltung der Zusätzlichkeit durch eine Entgeltumwandlung war bereits seit einigen Jahren in der Diskussion.

Die Urteile vom 01.08.2019 (VI R 32/18, VI R 21/17 (NV) und VI R 40/17 (NV)) haben die Rechtsprechung durch den BFH zur sogenannten „Zusätzlichkeitsvoraussetzung" angepasst.

Früher war Tendenz des BFH, dass eine freiwillige Arbeitgeberleistung, sprich eine Leistung, die der Arbeitgeber arbeitsrechtlich nicht schuldet, als in diesem Sinne zusätzlich erbracht wird. Die derzeitige Urteilslage hat diese Einschätzung quasi um 180 Grad gedreht:

Laut BFH liegt dann ein zusätzlicher Arbeitslohn vor, wenn dieser verwendungs- bzw. zweckgebunden neben dem ohnehin geschuldeten Arbeitslohn geleistet wird. Setzen Arbeitgeber und Arbeitnehmer den ohnehin geschuldeten Arbeitslohn für künftige Lohnzahlungen arbeitsrechtlich wirksam herab, könnte aus Sicht des BFH der Arbeitgeber diese Minderung durch verwendungs- oder zweckgebundene Leistungen steuerbegünstigt ausgleichen. Damit wird also das Instrument der Gehaltsumwandlung durch den BFH gefördert – zumindest kurzzeitig. Ist dies nicht der Fall, so liegt laut BFH-Urteil (VI R 32/18) eine begünstigungsschädliche Anrechnung bzw. Verrechnung vor.

Diese Auslegung, die im November 2019 veröffentlicht wurde, missfiel dem BMF extrem und führte zu einer strikten Verschärfung der Begrifflichkeit „Zusätzlichkeitserfordernis" durch das BMF-Schreiben vom 05.02.2020. Ab jetzt ist im Sinne des Einkommensteuergesetzes von einer „zusätzlich zum ohnehin geschuldeten Arbeitslohn" erbrachten Leistung durch den Arbeitgeber die Rede, wenn folgende Bedingungen erfüllt werden:

- Der Wert der Leistung, die der Arbeitgeber gewährt, wird nicht auf den Anspruch auf Arbeitslohn angerechnet.

- Der Anspruch auf Arbeitslohn wird nicht zugunsten der Leistung gemindert.

- Es handelt sich um eine verwendungs- bzw. zweckgebundene Leistung, die keine Erhöhung des Arbeitslohns ersetzen soll.

- Im Falle eines Wegfalls der Leistung wird der Arbeitslohn nicht erhöht.

Insbesondere der letzte Punkt lässt Fragen aufkommen, wie dieser zu verstehen ist.

Am besten lässt sich dies an einem Beispiel verdeutlichen: Herr Ehrlich wird neu eingestellt und erhält einen Kindergartenzuschuss von 300 Euro netto. Das Kind ist wie bereits erwähnt fünf Jahre alt und kommt im Jahr nach der Einstellung in die Schule. Der Kindergartenzuschuss entfällt also damit. Sollte dieser Mitarbeiter dann nicht eine Gehaltshöhung erhalten, wird dieser das Unternehmen sicher verlassen bzw. zumindest extrem unzufrieden sein, da ein Verlust von 300 Euro netto stark spürbar ist. Wenn aber nach Wegfall der Leistung der Arbeitslohn nicht erhöht werden darf, ohne die vorherige Zusätzlichkeit zu verlieren, dann wäre durch diesen Punkt nun im Prinzip die Gewährung von solchen Ansätzen in der Praxis unmöglich geworden.

Abzuheben ist hier aber nicht auf den Wegfall des Zuschusses. Nicht dieser führt zur Erhöhung des Entgelts, sondern eine ganz klassische Gehaltsänderungsvereinbarung. Sicherlich bergen diese Formulierungen und Ansätze aber noch viele Diskussionsmöglichkeiten und Raum für richterliche Entscheidungen.

Das bisherige BMF-Schreiben vom 22.05.2013 wurde aufgehoben. In diesem war geregelt, dass für die Zusätzlichkeit lediglich Voraussetzung ist, dass eine „zweckbestimmte Leistung" zu dem Arbeitslohn hinzukommt, den der Arbeitgeber aus anderen Gründen schuldet.

Relevant ist diese Sicht der Dinge u. a. für folgende Sachverhalte:

- Steuerfreies Job-Ticket (§ 3 Nr. 15 EStG),

- Steuerfreie Kindergartenzuschüsse (§ 3 Nr. 33 EStG),

- Steuerfreie Zuschüsse zur Verbesserung des allgemeinen Gesundheitszustands und der betrieblichen Gesundheitsförderung bis zur Höhe von 600 Euro im Kalenderjahr (§ 3 Nr. 34 EStG),

- Steuerfreie Leistungen für Familienservice und Kindernotbetreuung (§ 3 Nr. 34a EStG),

- Steuerfreie Überlassung eines betrieblichen (Elektro-)Fahrrads zur privaten Nutzung (§ 3 Nr. 37 EStG),

- Steuerfreies Aufladen von Elektroautos oder Hybridelektrofahrzeugen im Betrieb des Arbeitgebers (§ 3 Nr. 46 EStG),

- Mit einem Steuersatz von 15 % zu versteuernde Barzuschüsse für Fahrten zwischen Wohnung und erster Tätigkeitsstätte (§ 40 Abs. 2 Satz 1 EStG),

- Pauschal zu versteuernde Beträge für die Übereignung von Datenverarbeitungsgeräten samt Zubehör und Zuschüsse für die Internetnutzung (§ 40 Abs. 2 Satz 1 Nr. 5 EStG),

- Pauschal zu versteuernde unentgeltliche oder verbilligte Übereignung eines betrieblichen Fahrrads (§ 40 Abs. 2 Satz 1 Nr. 7 EStG),

- Pauschalierung der Lohnsteuer für Sachzuwendungen nach § 37b Abs. 2 EStG.

Streitigkeiten bei solchen Gestaltungen, die nach den BFH-Urteilen im Vertrauen auf die Urteile ohne vorherige Anrufungsauskunft zwischen Arbeitgeber und -nehmer vereinbart worden waren, die also eigentlich als steuerunschädlich galten, sind vorprogrammiert. Der Arbeitgeber muss die steuerliche Anerkennung in diesen Fällen gerichtlich durchsetzen. Da die Urteile nicht im BStBl. veröffentlicht wurden, muss sich das Finanzamt nicht an sie halten. Geplant ist, dass der Gesetzgeber die Voraussetzungen für die Zusätzlichkeit gesetzlich regeln wird. Eine geplante Regelung im Grundrentengesetz wurde zwischenzeitlich wieder verworfen.

Umfangreiche Diskussionen ranken sich derzeit alleine um das Thema, ob in der Vergangenheit als Umwandlung aufgesetzte Vereinbarungen heute nun einfach fortgeführt werden dürfen oder ob diese neu Umsetzung finden müssen, u. a. dem 01.01.2020 der dann geforderten Zusätzlichkeitserfordnis zu willfahren. Nicht wirklich hilfreich ist dabei die Tatsache, dass hierzu gestellte Anrufungsauskünfte bei unterschiedlichen Finanzämtern zu komplett unterschiedlichen Einschätzungen führen und erste derzeit laufende Lohnsteuerprüfungen bereits die Diskussion eröffneten, dass frühere – aus einer Entgeltumwandlung entstandene – Maßnahmen nun auf Zusätzlichkeit angehoben werden müssen. Sollte dies der Fall sein – und Rückfragen beim BMF brachten bis dazu keine finale Antwort – wäre ein BMF-Schreiben bzw. ein finales Gesetz dazu also dringend wünschenswert, zur Klärung der Frage, ab wann eine echte Zusätzlichkeit gegeben ist.

Ist diese erfüllt, wenn man eine neue Vereinbarung trifft, dass alle Mitarbeiter eine Gehaltserhöhung erhalten und jeder Mitarbeiter als einen Bestandteil z. B. einen Sachbezug erhielte? Oder ist die Zusätzlichkeit hier nicht erfüllt, da ja in der Regel der bisherige Sachbezug dann wohl weiter fortgeführt werden wird und nicht erst einmal ein kompletter Stopp erfolgt, um dann neu starten zu können?

3.2 Tarifverträge und Gehaltsextras

Bei der Anwendung von Tarifverträgen ist die Sichtweise schon in den letzten Jahren deutlich kritischer gewesen. In der Vergangenheit war bei Vorhandensein eines Tarifvertrages ein Ansatz von Nettoentgeltmaßnahmen meist nur sehr begrenzt möglich. Denkbare Optionen sind auch weiterhin, dass mindestens das Tarifgehalt gezahlt wird und die Nettoentgeltmaßnahmen als zusätzliche Leistung oben auf – also zusätzlich – gewährt wird.

Tarifverträge galten in einem gewissen Umfang als gestaltbar, da sie im Regelfall übertarifliche Zahlungen zulassen bzw. § 4 TVG abweichende Abmachungen für zulässig erachtet, soweit sie durch den Tarifvertrag gestattet sind oder eine Änderung der Regelungen zugunsten des Arbeitnehmers enthalten. Die Nettoentgeltoptimierung hätte hier eine Verbesserung für den Arbeitnehmer erbracht, bei Anrechnung auf den Tarifvertrag aber die Mehrbelastung des Arbeitgebers stark im Rahmen gehalten.

Dieser Ansatz wird heute von den Gewerkschaftsvertretern als sehr kritisch erachtet. Tarifgebundene Unternehmen, die die Nettoentgeltoptimierung für sich nutzen wollen, sollten in diesen Bestandteilen auf Haustarife umschwenken. Früher waren teils auch noch Regelungsabsprachen unter Einbeziehung der Gewerkschaft und des Betriebsrates auf den Weg zu bringen. Dies gelingt heute nur noch sehr selten.

Generell wurden auch diese Ansätze durch das BMF-Schreiben vom 05.02.2020 nun noch eindeutiger dargestellt, da die Begrifflichkeit des Tarifgehaltes und seine Handhabung ebenfalls explizit Eingang in das BMF-Schreiben gefunden haben.

Wie bereits früher auch sind Maßnahmen aus dem Nettoentgeltbereich hier nur noch umsetzbar, wenn diese zusätzlich zum ohnehin geschuldeten Arbeitslohn und damit auch zusätzlich zum Tarifgehalt vergütet werden und die Gewerkschaftsvertreter dies mitgehen. Dann können wunderbare Konstrukte entstehen, die für die Mitarbeiter echte Mehrwerte darstellen können. So zahlen manche Unternehmen ihren Mitarbeitern Zahnreinigungen im Rahmen des betrieblichen Gesundheitsmanagements, andere gewähren Mankogelder, die tatsächlich grundlegend keine großen Einzelsummen darstellen, im Ganzen aber zu sehr schönen Ergebnissen für die Mitarbeiter führen. Auch im Job-Rad-Bereich hat sich dazu eine neue Option ergeben, die wir noch erläutern werden.

3.3 Lohnsteuer- und Sozialversicherungsprüfungen

Arbeitgeber an sich scheuten vor vielen Jahren oft vor den sog. Gehaltsextras zurück, weil sie Unsicherheiten betreffend der Aufrechterhaltung der Lohnsteuer- und/oder Sozialversicherungsfreiheit oder aber Nachforderungen bzw. −verbeitragungen im Rahmen von Lohnsteuer-Außenprüfungen oder den Prüfungen der Deutschen Rentenversicherung befürchteten.

In den letzten Jahren hat sich hier eine nicht wirklich nachvollziehbare Sicherheit bei vielen Arbeitgebern eingeschlichen. Woher diese rührt, lässt sich schwer vermuten. Fakt ist aber, dass viele Arbeitgeber gar keine Anrufungsauskünfte (→*Kapitel 7.*) oder sonstige Maßnahmen zur Sicherung der Steuerfreiheit bei der Einführung von Nettoentgeltmaßnahmen durchführten. Nach dem Motto, eine Bekannte macht das auch, dann übernehme ich das mit, wurde hier häufig doch sehr entspannt bei der Einführung von Nettoentgeltmaßnahmen agiert.

Davor können wir nur warnen. Insbesondere bei den Sozialversicherungsprüfungen ist das Risiko besonders groß, Nachverbeitragungen zu unterliegen.

Prinzipiell ist die Lohnsteuer eine Arbeitnehmersteuer und kann daher letztlich an den Arbeitnehmer abgewälzt werden. Das wäre sicherlich kontraproduktiv, da damit wohl nie wieder ein Mitarbeiter einer solchen Alternative Vertrauen schenken würde. Man stelle sich vor: Ein Mitarbeiter unterzeichnet eine Nettoentgeltvereinbarung, die ihm 100 Euro netto monatlich mehr verspricht. Als Bruttovergütung wäre von einer Erhöhung von 100 Euro wohl ca. 50 Euro beim Arbeitnehmer verblieben, abhängig von der Lohnsteuerklasse und damit einhergehenden Rahmenbedingungen. Nach vier Jahren findet eine Lohnsteuer-Außenprüfung statt und im Anschluss erhält der Mitarbeiter ein Schreiben seines Finanzamtes mit einer Lohn-steuernachforderung und muss aus den netto gewährten 100 Euro doch noch Lohnsteuer nachzahlen. Die Begeisterung würde sich sicherlich in Grenzen halten.

Die Nachverbeitragungen der Deutschen Rentenversicherung sind seitens der Mitarbeiter weniger gefürchtet, da Nachzahlungsbeiträge nur bis zu drei Monate rückwirkend vom Mitarbeiter eingehalten werden können. Auch die Arbeitgeber sehen diese Nachforderungen häufig entspannter, da man immer die vermeintliche Limitierung durch die Beitragsbemessungsgrenze im Kopf behält.

Führt man dazu einmal eine Berechnung durch, sollten die Auswirkungen klarer werden. Dies erläutern wir gerne nachfolgend an einem Beispiel: Ein Unternehmen führt für 20 Mitarbeiter einen Tankgutschein von 40 Euro je Monat je Person ein.

Wie wir später noch bei der Erläuterung der einzelnen Maßnahmen darstellen, müssen hier bestimmte Anforderungen erfüllt sein: d. h. Arbeitnehmer müssen einen echten Gutschein erhalten. Erhalten diese stattdessen gegen Vorlage eines Tankbeleges von 40 Euro das Geld erstattet, wären die Voraussetzungen der 44-Euro-Sachbezugsregelung nicht mehr erfüllt, die Zahlungen würden lohnsteuer- und sozialversicherungspflichtig. Zur Vereinfachung der Berechnung führen wir hier keine Nettoversteuerung durch, wie es der Sozialversicherungsprüfer täte. Wir verbeitragen nur auf Basis der gewährten 40 Euro.

Diese wurden für 3 Jahre für 20 Mitarbeiter gezahlt: 3 Jahre x 12 Monate x 20 Mitarbeiter x 40 Euro = 28.800 Euro. Ausgehend von derzeit 39,75 % Sozialversicherungsanteile (18,6 % Rentenversicherung, 14,6 % Krankenversicherung, 1,1 % Krankenkassenzusatzbeitrag, 2,4 % Arbeitslosenversicherung, 3,05 % Pflegeversicherung) wären wir damit bei einer Summe von 11.448 Euro nachzuzahlender Sozialversicherungsanteile.

Hinzu kommt, dass diese Nachzahlungen oftmals noch durch die hohen Säumniszuschläge der Rentenversicherung geahndet werden. Bei einem Säumniszuschlag von 1 % pro Monat laufen hier sehr hohe Prozentsätze auf, die eine umfangreiche Nachbelastung mit sich bringen. Ob hier ein gewisser Vorsatz denkbar wäre, lassen wir dahingestellt. Ohne diese blieben wenigstens die Säumniszuschläge außer Acht. Aber sicher wird klar, dass hier ein besonderes Augenmerk auf die Themen gerichtet werden soll.

Dies gilt insbesondere in der jetzigen Zeit, in denen Kurzarbeitergelder gezahlt und nebenbei die Nettoentgeltoptionen teils fortgesetzt werden sollen. Bestand der Anspruch auf die Nettoentgeltbestandteile bereits in der Vergangenheit, sind hier keine Schwierigkeiten zu befürchten. Wurde diese Zusage bereits in der Vergangenheit erteilt, gilt sie nach derzeitiger Rücksprache mit einigen Agenturen für Arbeit wie eine Entgelterhöhung, die ja auch im Rahmen eines Kurzarbeitergeldes möglich wäre, wenn in der Vergangenheit bereits vereinbart.

Sicherlich Zweifel an der finanziellen Engpasssituation eines Unternehmens und damit Zweifel am ganzen Kurzarbeiterantrag käme bei der Gewährung von Nettoentgeltmaßnahmen auf, die beginnend parallel zur Kurzarbeit gewährt werden. Hier würden wir doch deutlich anraten, einen Zuschuss zum Kurzarbeitergeld zu bezahlen. Dieser ist zwar lohnsteuerpflichtig und nur bis zu einer bestimmten Verhältnismäßigkeit sozialversicherungsfrei, bei der Berechnung in der Praxis wird dieser aber häufig aufgrund der reduzierten Gesamtbezüge der Arbeitnehmer steuerfrei in der Gesamtabrechnung verbleiben.

4 Sozialversicherungspflicht bei steuerfreien oder pauschal versteuerten Zahlungen

Die Sozialversicherung folgte in der Vergangenheit in der Regel dem Grundsatz, dass steuerfreie Zahlungen auch sozialversicherungsfrei bleiben, da viele lohnsteuerfreie bzw. pauschalierbare Bezüge kein sozialversicherungsrechtliches Arbeitsentgelt darstellten. Seit einer Gesetzesänderung im Rahmen der Überarbeitung der Sozialversicherungsentgeltverordnung reicht allein die Möglichkeit der Pauschalversteuerung für die Beitragsbefreiung aber nicht mehr aus. Vielmehr hängt die Sozialversicherungsfreiheit davon ab, dass die Pauschalierung „mit der Entgeltabrechnung für den jeweiligen Abrechnungsmonat" tatsächlich durchgeführt bzw. die Lohnsteuerfreiheit im Lohnkonto dokumentiert wird:

Seit dem 22.04.2015 ist nach § 1 Abs. 1 Satz 2 SvEV ein Arbeitsentgelt grundsätzlich nur dann nicht beitragspflichtig in der Sozialversicherung, wenn es mit der Entgeltabrechnung für den jeweiligen Abrechnungszeitraum pauschal besteuert oder steuerfrei belassen wird (Art. 13 Nr. 2 und 3 des 5. SGB-IV Änderungsgesetzes). Stellt der Nachweis der Lohnsteuerfreiheit in der Praxis schon eine gewisse Herausforderung dar, da z. B. selten die Belege für die gewährten Sachbezüge unter 44,00 Euro zum Lohnkonto geheftet wurden, so macht diese Änderung der Sozialversicherungsentgeltverordnung die Vorlage der Belege zur Voraussetzung des Beibehalts der Sozialversicherungsfreiheit. Sie geht eigentlich sogar darüber hinaus: Folgt man dem Wortlaut der Sozialversicherungsentgeltverordnung, so sollten die lohnsteuerfreien Sachverhalte sogar explizit auf der Lohnabrechnung als lohnsteuerfrei angedruckt werden. Dies sehen die Sozialversicherungsprüfer in der Praxis derzeit noch weiter entspannt, es bleibt aber abzuwarten, ob dies so beibehalten wird.

Generell ist eine Aufnahme aller steuerfreien Ansätze in die Lohnabrechnung zu empfehlen, da über diesen Weg eine komplette Übersicht der Personalkosten aus dem Lohnprogramm abzuleiten ist. Pauschal zu versteuernde Fälle müssen definitiv Eingang in die Lohnabrechnung finden. Das stellt die Praxis der Lohnabrechnung vor die Frage, wie mit Fällen umzugehen ist, in denen eine mögliche Lohnsteuerpauschalierung nicht sofort in dem Monat, in dem der pauschalierbare Bezug anfällt, in Anspruch genommen wird. Klassisch hierfür sind Fälle wie Betriebsveranstaltungen, bei denen oft erst zu einem späteren Zeitpunkt – in der Regel frühestens am Jahresende – entschieden wird, welche Veranstaltungen denn pauschal versteuert Abrechnung finden sollen und welche steuerfrei verbleiben können.

Bis dato konnten Entgelte, die bereits steuerpflichtig gehandhabt wurden, zu einem späteren Zeitpunkt steuerfrei umgestellt werden, wenn die steuerlichen Voraussetzungen dazu erfüllt waren. Grundsatz der Sozialversicherung ist aber, einmal verbeitragtes Entgelt nicht mehr beitragsfrei zu stellen.

Sozialversicherungsfreiheit verbleibt also nur für Entgelte, die laufend gezahlt und in der jeweiligen Abrechnung bereits korrekt steuerfrei oder pauschal versteuert ausgezahlt wurden. Ausgenommen davon sind nur unter bestimmten Gesichtspunkten Geschenke und Betriebsveranstaltungen Betriebsveranstaltungen, was sich am besten anhand eines Beispiels aufzeigen lässt:

Beispiel: Ein Unternehmen veranstaltete im Dezember 2019 eine Weihnachtsfeier, an der alle Beschäftigten teilnehmen konnten. Zum Zeitpunkt der Lohnabrechnung Dezember 2019 standen die Kosten pro Arbeitnehmer noch nicht final fest, daher ging der Arbeitgeber zunächst davon aus, dass es sich um eine lohnsteuer- und beitragsfreie Zuwendung handelt. Anfang Februar 2020 findet die Buchhaltung weitere Rechnungen für Dezember 2019 die Weihnachtsfeier betreffend. Damit erhöhen sich die Kosten pro Arbeitnehmer auf 150,00 Euro.

Unter lohnsteuerlichen Gesichtspunkten betrachtet, blieben von den 150 Euro 110 Euro pro Arbeitnehmer lohnsteuer- und beitragsfrei (§ 19 Abs. 1 Nr. 1a EStG, § 1 Abs. 1 Satz 1 Nr. 1 SvEV). Der übersteigende Betrag von 40 Euro könnte nach § 40 Abs. 2 Satz 1 Nr. 2 EStG pauschal lohnversteuert werden. Das würde prinzipiell zur Sozialversicherungsfreiheit führen (§ 1 Abs. 1 Nr. 3 SvEV).

Änderungsmöglichkeit bis zum 28./29. Februar des Folgejahres

Eine erst im Nachhinein geltend gemachte Steuerfreiheit bzw. Pauschalversteuerung wirkt sich auf die beitragsrechtliche Behandlung der Arbeitsentgeltbestandteile nach § 1 Abs. 1 Satz 2 SvEV nur aus, wenn der Arbeitgeber die bisherige lohnsteuerliche Behandlung noch ändern kann.

Damit ist eine sozialversicherungswirksame Änderung nur bis zum 28./29. Februar des Folgejahres möglich. Bis zu diesem Termin müssen final die (elektronischen) Lohnsteuerbescheinigungen für das Vorjahr ausgestellt sein (§ 41b EStG). Dieses Zeitfenster wurde auch durch das Besprechungsergebnis der Deutschen Rentenversicherung bestätigt. Die Änderung muss laut dieser bis 28.02./29.02. vom Arbeitgeber vorgenommen sein (Besprechungsergebnis Gemeinsamer Beitragseinzug vom 20.04.2016, TOP 5 Nr. 4). Der Arbeitgeber muss nachweisen können, dass er dies rechtzeitig getan hat. Der Zeitpunkt der technischen Übermittlung danach ist laut Festlegung der Behörde, also der DRV, nicht von Bedeutung.

Fortsetzung des Beispiels:

Bezogen auf unsere Weihnachtsfeier hieße dies: Hat der Arbeitgeber die Lohnsteuerpauschalierung noch vor dem 29.02.2020 über die Änderung der Lohnsteueranmeldungen geltend gemacht und die 40 Euro pauschal lohnversteuert, fallen keine Sozialversicherungsbeiträge an. Hat der Arbeitgeber erst nach dem 29.02.2020 oder gar nicht berichtigt, fallen für die jeweils 40 Euro pro Mitarbeiter Sozialversicherungsbeiträge an.

Dies bedeutet aber auch, dass Änderungen im Rahmen einer Lohnsteuer-Außenprüfung in der Regel immer Beitragspflicht nach sich ziehen. Die nachträgliche Option der Pauschalversteuerung führt nicht zur Beitragsfreiheit. Selbst dann nicht, wenn dies noch im eigentlich änderbaren Zeitraum bis 28./29. Februar des Folgejahres festgestellt wird, da dies ja dann nicht aktiv durch den Arbeitgeber erfolgt, sondern auf Veranlassung der prüfenden Behörde.

Beispiel:　Bei der Lohnsteuerprüfung wird eine weitere Betriebsveranstaltung entdeckt. Es handelt sich um das Sommerfest im Jahr 2019. Die Kosten wurden steuer- und beitragsfrei behandelt. Im Rahmen der Lohnsteuer-Außenprüfung am 15.02.2020 stellt der Prüfer fest, dass sich auch für dieses Fest die Kosten pro Arbeitnehmer auf 150 Euro beliefen.

Da bis dato erst eine Betriebsveranstaltung in 2019 pauschaliert wurde und zwei erlaubt sind, gilt lohnsteuerlich: Von den 150 Euro sind 40 Euro pro Arbeitnehmer nicht steuerfrei (§ 19 Abs. 1 Nr. 1a EStG), die steuerliche Freigrenze liegt ja bei 110 Euro. Diese 40 Euro werden vom Prüfer des Finanzamts nun pauschal versteuert. Diese Pauschalversteuerung führt nicht zur Beitragsfreiheit in der Sozialversicherung, weil hier die Finanzverwaltung die Erhebung änderte, auch wenn die Prüfung vor dem 29.02.2020 stattfand.

5 | Ermittlung der Pauschalsteuer im Rahmen der Lohnabrechnung

5.1 Pauschalierung der Lohnsteuer

Bei der Ermittlung der Lohnsteuer, des Solidaritätszuschlags und der Kirchensteuer wird im Regelfall nach den persönlichen Besteuerungsmerkmalen (Steuerklasse, Faktor, Zahl der Kinderfreibeträge, Kirchensteuermerkmale) vorgegangen und die daraus resultierenden steuerlichen Bestandteile individuell ermittelt. Unter bestimmten Voraussetzungen kann die Lohnsteuer jedoch pauschal erhoben werden. Mit einer Pauschalierung der Lohnsteuer ist in der Regel auch eine pauschale Erhebung des Solidaritätszuschlags und der Kirchensteuer verbunden.

Die Ermittlung erfolgt dabei ausgehend von dem Pauschalsteuersatz der Lohnsteuer.

Beispiel: Bei Zahlung von 100 Euro an einen Mitarbeiter, der in Baden-Württemberg lebt und arbeitet, setzt sich die Pauschalsteuer wie folgt zusammen:

100 Euro x 25 % = 25 Euro Lohnsteuer.

Die Ermittlung des pauschalen Solidaritätszuschlags sowie der pauschalen Kirchensteuer erfolgt dann in Abhängigkeit von der berechneten Lohnsteuer:

Lohnsteuer 25 Euro, davon

5,5 % Solidaritätszuschlag = 1,38 Euro

5,5 % Kirchensteuer = 1,38 Euro

8 % Kirchensteuer = 2,00 Euro

Woher rührt die Unterscheidung in den Kirchensteuersätzen?

5.2 Pauschalierung der Kirchensteuer

Die Pauschalierung der Kirchensteuer kann nach zwei Verfahren erfolgen:

Vereinfachtes Verfahren der Kirchensteuerermittlung

Beim vereinfachten Verfahren finden in den einzelnen Bundesländern niedrigere Prozentsätze Anwendung als beim normalen Kirchensteuerabzug. Diese niedrigeren Prozentsätze berücksichtigen, dass mit hoher Wahrscheinlichkeit nicht alle Arbeitnehmer, für die die Lohnsteuer pauschaliert wird, kirchensteuerpflichtig sind. Da die pauschale Kirchensteuer aus der Gesamtsumme der Lohnsteuer berechnet wird, könnte eventuell eine zu hohe Kirchensteuer abgeführt werden.

Die pauschale Kirchensteuer wird im vereinfachten Verfahren in eine besondere Zeile (Anmeldung 2020: Zeile 25, Kennzahl 47) bei der Lohnsteuer-Anmeldung eingetragen, sodass das Finanzamt anhand dieser Eintragung die Aufteilung der pauschalen Kirchensteuer vornimmt.

Reguläres Verfahren der Kirchensteuerermittlung

Alternativ können Arbeitgeber bei der Kirchensteuerpauschalierung auf den jeweiligen Mitarbeiter abstellen und dabei unterscheiden, welcher Mitarbeiter kirchensteuerpflichtig ist und welcher nicht. Da in diesem Fall nicht für jeden Mitarbeiter, sondern nur für die tatsächlichen Kirchenangehörigen Pauschalsteuer gezahlt wird, werden hier die regulären Kirchensteuersätze angewandt. Sie finden nachfolgend eine Übersicht, welche Sätze wann in welchem Bundesland Anwendung finden:

Bundesland	Genereller Kirchensteuersatz	Kirchensteuersatz nach dem vereinfachten Verfahren
Baden-Württemberg	8 %	5,5 %
Bayern	8 %	7 %
Berlin	9 %	5 %
Brandenburg	9 %	5 %
Bremen	9 %	7 %
Hamburg	9 %	4 %
Hessen	9 %	7 %
Mecklenburg-Vorpommern	9 %	5 %
Niedersachsen	9 %	6 %
Nordrhein-Westfalen	9 %	7 %
Rheinland-Pfalz	9 %	7 %
Saarland	9 %	7 %
Sachsen	9 %	5 %
Sachsen-Anhalt	9 %	5 %
Schleswig-Holstein	9 %	6 %
Thüringen	9 %	5 %

Praxistipp

Bei der Differenzierung der kirchensteuerpflichtigen zu den nicht kirchensteuerpflichtigen Arbeitnehmern stellt sich häufig die Frage, wie die pauschale Lohnsteuer aufgeteilt werden soll, wenn die auf den einzelnen Arbeitnehmer entfallende Lohnsteuer nicht ermittelt werden kann (z. B. bei einer Pauschalierung der Lohnsteuer für sonstige Bezüge in einer Vielzahl von Fällen). Auch dies ist eindeutig geregelt: aus Vereinfachungsgründen kann dann die gesamte pauschale Lohnsteuer im Verhältnis der kirchensteuerpflichtigen zu den nicht kirchensteuerpflichtigen Arbeitnehmern aufgeteilt werden.

Die Konfessions- bzw. Religionszugehörigkeit ist anhand des in den Lohnkonten aufgezeichneten Kirchensteuerabzugsmerkmals zu ermitteln. Die im Nachweisverfahren ermittelten Kirchensteuern sind in der Lohnsteuer-Anmeldung unter der jeweiligen Kirchensteuer-Kennzahl (z. B. ev = 61, rk = 62; Zeile 26 bzw. 27 der Lohnsteuer-Anmeldung) einzutragen.

Ob ein Teil der Arbeitnehmer bei der Pauschalierung der Kirchensteuer keine Berücksichtigung findet, weil er keiner kirchensteuerberechtigten Konfession angehört, ist für jeden Pauschalierungstatbestand getrennt zu beurteilen.

Ausgenommen ist lediglich die Pauschalierung der Minijobber, weil mit dem Pauschsteuersatz von 2 % die Kirchensteuer und der Solidaritätszuschlag abgegolten sind.

Nimmt der Arbeitgeber z. B. bei den Pkw-Fahrtkostenzuschüssen für den Weg zur ersten Tätigkeitsstätte die nicht kirchensteuerpflichtigen Arbeitnehmer aus der Pauschalbesteuerung heraus, führt dies nicht dazu, dass er auch bei den Beiträgen zu einer noch pauschal besteuerten Direktversicherung den Regelkirchensteuersatz von 8 % oder 9 % anwenden muss. Der Arbeitgeber kann individuell für die Direktversicherungsbeiträge entscheiden, ob er die betroffenen Arbeitnehmer mit dem ermäßigten Kirchensteuersatz besteuern will, oder ob er die nicht kirchensteuerpflichtigen Arbeitnehmer herausnimmt und den Rest mit dem Regelkirchensteuersatz von 8 % oder 9 % besteuert.

Für jeden einzelnen der nachfolgend aufgeführten Pauschalierungssachverhalte kann der Arbeitgeber also eine individuelle Entscheidung treffen:

- bei einer Pauschalierung der Lohnsteuer für Aushilfskräfte und Teilzeitbeschäftigte mit 25 %, 20 % oder 5 %,

- bei einer Pauschalierung der Lohnsteuer mit 15 % für Pkw-Fahrtkostenzuschüsse des Arbeitgebers zu den Aufwendungen des Arbeitnehmers für Fahrten zwischen Wohnung und erster Tätigkeitsstätte und für die Firmenwagenstellung zu Fahrten zwischen Wohnung und erster Tätigkeitsstätte,

- bei einer Pauschalierung der Lohnsteuer mit 25 % für Arbeitgeberleistungen zu den Aufwendungen des Arbeitnehmers für Fahrtkosten ohne Anrechnung auf die Entfernungspauschale,

- bei einer Pauschalierung der Lohnsteuer mit 25 % für unentgeltliche oder verbilligte Mahlzeiten im Betrieb oder im Rahmen einer beruflich veranlassten Auswärtstätigkeit,

- bei einer Pauschalierung der Lohnsteuer mit 25 % für Erholungsbeihilfen,

- bei einer Pauschalierung der Lohnsteuer mit 25 % für steuerpflichtige Zuwendungen bei Betriebsveranstaltungen,

- bei einer Pauschalierung der Lohnsteuer mit 25 % für steuerpflichtige Teile von Reisekosten,

- bei einer Pauschalierung der Lohnsteuer mit 25 % bei Übereignung von Datenverarbeitungsgeräten (z. B. einen PC) und Arbeitgeberzuschüssen zur Internetnutzung,

- bei einer Pauschalierung der Lohnsteuer mit 25 % bei einer Übereignung von Ladevorrichtungen für das elektrische Aufladen von Arbeitnehmer-Fahrzeugen sowie Barzuschüssen des Arbeitgebers zu den Aufwendungen des Arbeitnehmers für den Erwerb und die Nutzung einer solchen Ladevorrichtung,

- bei einer Pauschalierung der Lohnsteuer mit 25 % bei Übereignung von Fahrrädern,

- bei einer Pauschalierung der Lohnsteuer mit 20 % für Beiträge zu einer Direktversicherung oder Pensionskasse,

- bei einer Pauschalierung der Lohnsteuer mit 20 % für Beiträge zu einer Gruppenunfallversicherung,

- bei einer Pauschalierung der Lohnsteuer für sonstige Bezüge in einer größeren Zahl von Fällen,

- bei der Nacherhebung von Lohnsteuer insbesondere im Anschluss an eine Lohnsteuer-Außenprüfung.

5.3 Pauschalierbare Leistungen

Im Rahmen der Pauschalversteuerung wird unterschieden nach

- Bemessung der Lohnsteuer nach besonderen Pauschsteuersätzen (§ 40 Abs. 1 EStG i. V. m. R 126 LStR) und der

- Bemessung der Lohnsteuer nach festen Pauschsteuersätzen (§ 40 Abs. 2 EStG i. V. m. R 127 LStR und § 37b EStG).

Besondere Pauschalsteuersätze finden sich im Regelfall in zwei Anwendungsbereichen:

Entweder werden diese im Falle einer Lohnsteuerprüfung durch den Prüfer ermittelt und durch diesen vorgegeben oder aber sie werden für Sonstige Bezüge in einer größeren Anzahl von Fällen beim zuständigen Betriebstättenfinanzamt durch den Arbeitgeber beantragt.

Dabei umfasst eine größere Anzahl von Fällen regelmäßig mindestens 20 Arbeitnehmer und die Pauschalierungsgrenze liegt bei maximal 1.000 Euro pro Kalenderjahr/pro Arbeitnehmer. Der Arbeitgeber hat seinem Antrag eine Berechnung beizufügen, aus der sich der durchschnittliche Steuersatz unter Zugrundelegung der durchschnittlichen Jahresarbeitslöhne und der durchschnittlichen Jahreslohnsteuer in jeder Steuerklasse für diejenigen Arbeitnehmer ergibt, denen die Bezüge gewährt werden sollen oder gewährt worden sind.

Das Ganze ist meist eine eher aufwendige Herangehensweise, die vor allem eben die größere Zahl an Fällen erfordert, um wirksam zu werden. Wir möchten daher im Rahmen dieses Fachbuches unsere Betrachtung auf die gesetzlich vorgegebenen festen Pauschsteuersätze beschränken, deren wir uns im Detail bei der jeweiligen Vorstellung einer Maßnahme widmen, sofern hierfür Pauschsteuersätze anwendbar sind.

5.4 Abwälzung der Pauschalsteuer

Prinzipiell können Arbeitgeber eine Abwälzung der Pauschalsteuer meist bei allen steuerlichen Pauschalierungsfällen (§§ 40, 40a und 40b EStG) vornehmen.

Allerdings gilt auch hier, dass für die Umsetzung saubere arbeitsrechtliche Rahmenbedingungen geschaffen werden müssen. Dies sollte aber ohnehin größte Priorisierung erfahren, um nicht eine Regelung zu erzielen, deren Konsequenzen dem Mitarbeiter unklar sind und die dann anstelle des positiven Motivationseffektes zu Diskussionen über die Berechnungsgrößen führt.

6 | Entgeltgestaltung durch steuerliche und sozialversicherungsrechtliche Besonderheiten

Nachfolgend erhalten Sie unterteilt in steuerfreie, pauschal zu versteuernde und sonstige Leistungen eine Übersicht über besondere Entlohnungsansätze. Oftmals sind steuerfreie Leistungen nur bis zu einem Höchstbetrag steuerfrei. Wir haben diese trotzdem unter dem Oberbegriff der steuerfreien Leistungen gefasst, da eine Einhaltung der Obergrenzen im Rahmen der Entgeltgestaltung ja durchaus möglich und sinnvoll ist, um dann in diesem Zusammenhang verschiedene Optionen miteinander zu kombinieren und immer die für den Arbeitgeber und damit im Regelfall auch für den Mitarbeiter bestmögliche zu wählen.

6.1 Steuerfreie Leistungen

Wir haben versucht, die steuerfreien Leistungen alphabetisch aufzuführen, um ein schnelles Nachlesen einzelner Optionen zu ermöglichen. Grundsätzlich unterliegen alle steuerfreien Leistungen dem vollen Betriebsausgabenabzug. Auf etwaige Ausnahmen weisen wir im jeweiligen Kapitel ausdrücklich hin.

Ganz wichtig ist uns der folgende Hinweis: steuerfreie Maßnahmen oder auch der pauschalen Lohnsteuer unterworfene basieren im Regelfall auf gesetzlichen Grundlagen. Um spätere Diskussionen mit Prüfern und daraus resultierende Unsicherheiten oder Nachzahlungen zu vermeiden, empfehlen wir immer im Vorfeld die genaue Darstellung einer Maßnahme beim zuständigen Betriebstättenfinanzamt und dort die Einholung der Erlaubnis für die gewählte Handlungsweise. Man spricht hier von der sogenannten Anrufungsauskunft, die seitens des Finanzamtes kostenfrei gewährt wird und die wir in →*Kapitel 7* ausführlich vorstellen.

Oftmals werden Maßnahmen bzw. Zahlungen auch mit einem Prüfer vor Ort besprochen. Das ist durchaus möglich und kann in Anspruch genommen werden. Wichtig ist aber eine daraus resultierende schriftliche Stellungnahme für die jeweiligen Sachverhalte. Diese ist im Rahmen der erwähnten Anrufungsauskunft meist einfacher zu erhalten. Oftmals vertreten auch Finanzbeamte unterschiedliche Auffassungen zu gleichen Themen, sodass selbst ein Sachverhalt, der über Jahre hinweg in einer Prüfung keine Beanstandung fand, plötzlich anders beurteilt wird – weil sich die Rechtsauffassung geändert hat oder weil man plötzlich an einen anderen Prüfer gerät.

6.1.1 Arbeitskleidung

Bei „echter" Arbeitskleidung muss es sich um Kleidung handeln, die üblicherweise nicht in der Freizeit getragen wird. Unter typischer Berufs- oder Arbeitskleidung versteht man z. B.

- Schutzkleidung in Industrie und Handwerk (z. B. Labormantel, Sicherheitsschuhe, Arbeitshandschuhe),

- Amtstrachten von Richtern und Anwälten,

- Uniformen und Dienstkleidung mit Dienstabzeichen,

- farblich vorgeschriebene Anzüge und Kostüme bei Mitarbeitern einer Fluggesellschaft,

- Bühnenkleidung bei Künstlern.

Daneben kennt man oftmals unter der Begrifflichkeit der Berufskleidung Garderobe, deren private Verwendung durch das dauerhafte Anbringen von Firmenemblemen so gut wie ausgeschlossen ist. Dabei müssen die Logos entsprechend großflächig angebracht sein, um die Entstehung eines geldwerten Vorteils zu vermeiden.

Die Kosten für den Kauf und die Reinigung eines schwarzen Anzugs z. B. eines Bestatters oder eines Mitarbeiters im Sicherheitsdienst können dagegen nicht als Werbungskosten oder Betriebsausgaben geltend gemacht werden, weil das Tragen von schwarzen Anzügen auch bei feierlichen privaten Anlässen üblich ist. Gleiches wurde für das Tragen von Dirndl und Lederhosen als Wirt einer bayerischen Gaststätte nicht anerkannt, was sicher schon etwas grenzwertiger scheint. Ein Finanzamt in Berlin, das über einen solchen Fall zu entscheiden hatte, sah das Tragen von Trachten als nicht alltäglich an und anerkannt daher die Arbeitskleidung: die Wirtin hatte argumentiert, dass sie einmal im Jahr in ihrer Gaststätte eine „Oktoberfestwoche" offerierte. Die Lederhosen und karierten Hemden wurden anerkannt, zugegebenermaßen aber erst nach einer größeren Diskussion mit dem zuständigen Sachgebietsleiter des Finanzamtes.

Nicht als typische Berufskleidung anerkannt wurden im Rahmen diverser Anhörungen und Anfragen beispielsweise:

- weiße Hemden, Socken und Schuhe bei Ärzten und Masseuren,

- weiße Kleidung einer ambulant tätigen Krankenpflege-Helferin,

- einheitlich grau gestaltete Kleidung von Chauffeuren,

- Abendkleider einer Instrumentalsolistin,

- schwarze Hose, schwarze Socken, schwarze Schuhe bei Soldaten,

- Trachtenanzug eines Geschäftsführers in einem bayerischen Lokal,

- die an die Geschäftsführer einer Bekleidungsmarke überlassene neueste, hochwertige Kollektion dieser Marke.

Steuerfrei ist bei Arbeitskleidung nach § 3 Nr. 31 EStG die Gestellung, also Überlassung der Kleidungsstücke an den Mitarbeiter, aber auch die Übereignung sowie die Barablösung, also der Kauf der Kleidung durch den Mitarbeiter, der diese Kosten steuerfrei ersetzt bekommt. Wichtig ist, dass die Barablösung gegenüber dem Mitarbeiter nicht höher ist, als seine Aufwendungen ursprünglich waren und der Arbeitnehmer nach Gesetz, Tarifvertrag oder Betriebsvereinbarung einen Anspruch auf die Gestellung von Arbeitskleidung hat und diese somit betrieblich veranlasst ist.

Auch das Tragen von Berufskleidung entwickelt heutzutage teils interessante Ansätze: So hat ein Einzelhändler im Sport- und Freizeitbereich bereits vor Jahren sehr schicke Cargo-Hosen für seine Verkäufer auf der Fläche vorgeschrieben und diese, um sie als Arbeitskleidung definieren zu können, an der Seite mit einem sehr großen Schriftzug das ganze Bein entlang versehen. Da der Schriftzug optisch sehr gut gestaltet war, tragen die Mitarbeiter diese Hosen sehr gerne und der werbliche Nutzen für das Unternehmen ist absolut gegeben.

Aus solchen werblichen Ansätzen abgeleitet ist es manchen Unternehmen sogar gelungen, Kleidung mit Emblem als Werbefläche zum Einsatz zu bringen. Von solchen Ansätzen können wir aus der praktischen Betrachtung heraus nur abraten. Grundsätzlich ist ja bereits die Gestellung von Kleidung rein theoretisch ein geldwerter Vorteil: Der Mitarbeiter erhält kostenlose Kleidung und muss nicht seine eigene Garderobe im Unternehmen einsetzen. Manche Finanzämter folgten aber dem Ansatz, dass diese Betriebskleidung ja seitens der Mitarbeiters nicht getragen werden musste, sondern dieser die Kleidung tragen konnte und damit zur Imagesteigerung des Unternehmens beitrüge. Je kreativer die Ansätze in diesen Bereichen sind, umso wichtiger ist eine detaillierte Abstimmung mit den betroffenen Finanzämtern.

Wir widmen dem Thema Werbefläche noch ein eigenes Kapitel in diesem Ratgeber, da dieser Bereich generell immer stärker umstritten ist.

6.1.2 Aufmerksamkeiten

Unter den sogenannten Aufmerksamkeiten versteht man steuerlich „Sachleistungen des Arbeitgebers, die auch im gesellschaftlichen Verkehr üblicherweise ausgetauscht werden und zu keiner ins Gewicht führenden Bereicherung der Arbeitnehmer führen".

Dieser Satz zeigt deutlich auf, dass die Lohnsteuerrichtlinien nach wie vor dazu angetan sind, einen eigentlich einfachen Sachverhalt so zu beschreiben, dass man sich am Ende nicht mehr sicher ist, ob man den Sachverhalt auch wirklich umfassend verstanden hat. Daher wollen wir hier ein wenig Licht ins Dunkel bringen:

Steuerlich wird zwischen drei Arten von Aufmerksamkeiten unterschieden:

1. **Sachzuwendungen** bis zu einem Wert von 60 Euro, die der Arbeitgeber dem Arbeitnehmer oder dessen Angehörigen **aus Anlass eines besonderen persönlichen Ereignisses** zuwendet (z. B. Blumen, eine Flasche Wein, ein Buch oder eine CD).

Praxistipp

Die Freigrenze von 60 Euro brutto bezieht sich auf das einzelne persönliche Ereignis.

Beispiel 1: Herr Klug ist nun schon einige Jahre im Unternehmen und erhält zu seinem runden Geburtstag einen Blumenstrauß vom Abteilungsleiter und einen Blumenstrauß vom Betriebsrat. Jeder Blumenstrauß kostete 35 Euro.

Die Freigrenze von 60 Euro wird überschritten. Der geldwerte Vorteil berechnet sich wie folgt: 67,20 Euro (= (35 Euro + 35 Euro) - 4 %. Die Erläuterung des Abschlags von 4 % erfolgt später im Detail).

Beispiel 2: Herr Ehrlich erhält an seinem runden Geburtstag vom Abteilungsleiter ein Buchgeschenk im Wert von 60 Euro. Eine Woche später kommt der bereits im Vorstellungsgespräch erwähnte Nachwuchs zur Welt und Herr Ehrlich erhält einen Blumenstrauß im Wert von 50 Euro.

Da es sich um völlig getrennte Ereignisse handelt, die jeweils den Grenzwert von 60 Euro nicht übersteigen, entsteht hier keinerlei geldwerter Vorteil für den Mitarbeiter und dieser kann die Freude an den Geschenken voll auskosten.

Vorsicht aber: Nicht jedes persönliche Ereignis wird von den Finanzämtern anerkannt. So ist der Ansatz des Namenstages des Mitarbeiters absolut umstritten. Wenn Sie diesen würdigen wollen, sollten Sie dies unbedingt durch eine Anrufungsauskunft vom jeweiligen Finanzamt untermauern lassen.

Mitarbeiterjubiläen werden in der Regel im Rahmen der „üblichen" Größenordnungen, d. h. zum 10-jährigen, 25-jährigen und 40-jährigen Jubiläum anerkannt. Manche Finanzämter zeigen ein Entgegenkommen für Jubiläen alle 5 Jahre. Eine jährliche Würdigung der Zugehörigkeit wurde unseres Wissens nach bislang kaum anerkannt.

Sicher und einheitlich in der Wahrnehmung ist: Hochzeiten von Kindern oder aber Kindeskindern sowie deren Geburten sind keine steuerlich anzuerkennenden persönlichen Ereignisse.

Anerkannt wurden in den letzten Jahren aber z. B. oftmals Abschiede von Mitarbeitern aus dem Unternehmen. Auch hier würden wir zu einer Anrufungsauskunft raten, da dies ja kein rein persönliches Thema ist, sondern mit dem Unternehmen in Verbindung steht.

Unterschätzen Sie dabei nicht die Wirkung bei den Mitarbeitern, aber auch nicht den administrativen Aufwand, den diese kleinen Gesten nach sich ziehen. Diese sind nur umsetzbar, wenn sich die jeweiligen Vorgesetzten mit ihren Assistenten oder die Kollegen direkt um diese „Kleinigkeiten" kümmern. Eine Lösungsoption kann es zur Vereinfachung der administrativen Belange geben: Sie nutzen eine sogenannte MitarbeiterCard, die wir noch genauer vorstellen. Grundlage der Karte ist vereinfacht ausgedrückt, dass Geld durch die Einzahlung auf die Karte in einen Sachbezug umgewandelt wird. Da mit der Karte nur in bestimmten Geschäften eingekauft werden darf, anerkennt das Bundesministerium für Finanzen diesen Ansatz derzeit noch. Ob dieser dauerhaft Bestand hat, ist schwer einzuschätzen, da das Medium der MitarbeiterCard mittlerweile immer häufiger für die „Auszahlung" von Geldbeträgen über diesen Umweg an den Mitarbeiter genutzt wird und man damit seitens der Finanzverwaltung hier eher Umgehungstatbestände vermutet. Dazu aber später mehr.

Praxistipp

In der Vergangenheit wurde häufig akzeptiert, dass Mitarbeiter sich selbst ein „Geschenk" aussuchten und den Beleg dafür mit ins Unternehmen brachten. Das Geld wurde dann nach Vorlage des Belegs dem Mitarbeiter erstattet.

Diese Option gibt es seit 01.01.2020 definitiv nicht mehr. Zulässig ist aber, dass ein Kollege ein Geschenk für einen Mitarbeiter im Auftrag des Arbeitgebers kauft und die Kosten dafür über Reisekosten abrechnet.

2. **Speisen** bis zu einem Wert von 60 Euro **anlässlich eines außergewöhnlichen Arbeitseinsatzes**

Beispiel: Aufgrund eines Systemabsturzes müssen vier Mitarbeiter der IT-Abteilung unvorhergesehen bis ca. 22.00 Uhr im Betrieb bleiben. Der Abteilungsleiter bestellt bei einem Pizza-Service auf Firmenkosten Speisen und Getränke im Gesamtwert von 46 Euro.

Lohnsteuerlich spricht man hier von einem Arbeitsessen.

Ein Arbeitsessen in diesem Sinne liegt vor, wenn der Arbeitgeber den Mitarbeitern anlässlich oder während eines außergewöhnlichen Arbeitseinsatzes (z. B. während einer außergewöhnlichen betrieblichen Besprechung oder Sitzung), im ganz überwiegenden betrieblichen Interesse an einer optimalen zeitlichen Gestaltung des Arbeitsablaufs Speisen bis zu dieser Freigrenze unentgeltlich oder teilentgeltlich überlässt.

Da in unserem Beispiel der Gesamtbetrag unter 60 Euro bleibt, entsteht auch hier kein geldwerter Vorteil. Der Gesetzgeber sieht hier einen Wert von bis zu 60 Euro je Arbeitnehmer vor. Dies erscheint außergewöhnlich hoch, da ein Essen für 60 Euro pro Person wohl meist doch nicht mehr rein dem Gedanken eines Arbeitsessens entsprechen würde, sondern eher als Dankeschön oder Anerkennung gewertet würde. Rein aus den steuerlichen Richtlinien abgeleitet gilt aber auch hier der Freibetrag von bis zu 60 Euro. Erst ab diesem Ansatz von Kosten je Mitarbeiter mutiert ein Arbeitsessen steuerlich offiziell zur Belohnung und muss dann individuell versteuert werden.

Hinweis

Vermerken Sie aus Dokumentationsgründen eine kurze Begründung für den außergewöhnlichen Arbeitseinsatz und die Namen der bewirteten Arbeitnehmer auf der Rechnung.

3. **Getränke und Genussmittel**, die das Unternehmen seinen Arbeitnehmern kostenfrei zur Verfügung stellt

   Hierzu zählen z. B. Kaffee, Tee, Wasser („Teeküche"), Besprechungskekse. Der Gesetzgeber spricht genau in diesem Zusammenhang von den eingangs erwähnten Sachleistungen des Arbeitgebers, die auch im gesellschaftlichen Verkehr üblicherweise ausgetauscht werden und zu keiner ins Gewicht fallenden Bereicherung der Mitarbeiter führen. Dabei sollte es der Arbeitgeber aber nicht übertreiben. Die Gestellung einer Mahlzeit wäre nämlich steuerpflichtiger Arbeitslohn und im Betrieb mit dem Sachbezugswert 2020 von 1,80 Euro für ein Frühstück und 3,40 Euro für ein Mittagessen als Lohn anzusetzen.

   Die Differenzierung ist hier sicherlich schwierig: In der Regel wird das **Obst am Arbeitsplatz** noch als Aufmerksamkeit anerkannt, ebenso Müsliriegel oder ähnliche Snacks. Brötchen, Croissants oder Brezeln könnte ein Prüfer schon als Frühstück und damit als Mahlzeit ansehen.

Ein besonderes Urteil hat sich Ende 2019 großer Beliebtheit erfreut: Im Streitfall hatte der Arbeitgeber seinen Arbeitnehmern unbelegte Backwaren wie Laugen-, Käse-, Käse-Kürbis-, Rosinen-, Schoko-, Roggenbrötchen etc. und Rosinenbrot nebst Heißgetränken zum sofortigen Verzehr im Betrieb kostenlos bereitgestellt. Das Finanzamt sah dies als ein Frühstück an, das mit den amtlichen Sachbezugswerten zu versteuern sei. Dieser Sicht folgte der BFH nicht: Arbeitslohn liegt vor, wenn der Arbeitgeber dem Arbeitnehmer eine Mahlzeit, wie ein Frühstück, Mittagessen oder Abendessen, unentgeltlich oder verbilligt gewährt.

Davon abzugrenzen sind nicht steuerbare Aufmerksamkeiten, die lediglich der Ausgestaltung des Arbeitsplatzes und der Schaffung günstiger betrieblicher Arbeitsbedingungen dienten und denen daher keine Entlohnungsfunktion zukommt. In vielen Unternehmen wurden diese begleitenden Maßnahmen sehr zum Bedauern der Belegschaft aufgrund der damit verbundenen Unsicherheit in den Anwendungsgebieten abgeschafft. Bevor man diese wieder einführt, sollte innerhalb eines Unternehmens klar definiert werden, was erlaubt und gewünscht ist.

Manche Arbeitgeber offerieren ihren Mitarbeitern zum Beispiel täglich frisches Obst kostenfrei. Dies muss aber immer frisch eingekauft werden und wird häufig vernichtet, wenn es nicht von den Mitarbeitern konsumiert wurde. Oftmals wurde dann auf frische Säfte umgeschwenkt. Diese müssen aber nach Öffnung im Kühlschrank verwahrt werden oder sind sehr schnell ebenfalls nicht mehr genießbar. Aufwand versus Wirkung muss sich hier also absolut die Waage halten. Als gute Lösung hat sich oftmals bewährt, den einzelnen Abteilungen einen bestimmen Geldbetrag für Maßnahmen oder Einkäufe dieser Art zur Verfügung zu stellen. Dann können die Mitarbeiter selbst entscheiden, für was dieser Zuschuss verwendet wird. Der Überraschungseffekt entfällt damit zwar, die Nutzung der Mittel ist aber sichergestellt.

Praxistipp

Die 60 Euro-Grenze ist eine Freigrenze, kein Freibetrag. Dies bedeutet, dass jedes Überschreiten – und sei es auch nur um einen Cent – Lohnsteuer- und Sozialversicherungspflicht nach sich zieht. Diese Freigrenze darf nur für Sachzuwendungen angewendet werden. Geldzuwendungen sind immer steuerpflichtig, auch wenn sie weniger als 60 Euro betragen.

Hinweis

Aufmerksamkeiten können auch unter Nutzung der 44 Euro-Freigrenze steuerfrei sein.

In der Praxis hat sich gezeigt, dass insbesondere Unternehmen, die ihren Mitarbeitern immer wieder neue Aktionen bieten, einen sehr guten Erfolg verzeichnen können. So kann dies im Winter ein Crepestand mit Glühwein sein, im Sommer die Anschaffung von Eis für die Belegschaft oder auch eine Runde Smoothies für alle. Auch hier ist aber der damit verbundene Aufwand zu beachten.

6.1.3 BahnCard

Seit 01.01.2019 sind Arbeitgeberleistungen für Fahrten des Arbeitnehmers mit öffentlichen Verkehrsmitteln im Linienverkehr zwischen Wohnung und erster Tätigkeitsstätte und für alle Fahrten des Arbeitnehmers im öffentlichen Personennahverkehr unter bestimmten Voraussetzungen steuerfrei (§ 3 Nr. 15 EStG).

Welche Auswirkungen hat dies auf die BahnCard?

Die BahnCard wird im Regelfall für die Fahrt Wohnung/erste Tätigkeitsstätte angeschafft, aber auch für Fahrten im Rahmen von Dienstreisen (Auswärtstätigkeiten) oder wöchentlichen Familienheimfahrten im Rahmen einer doppelten Haushaltsführung genutzt. In dem Fall ist die Arbeitgeberleistung nach Dienstreisegrundsätzen steuerfrei (§ 3 Nr. 13 oder 16 EStG), soweit sie auf diese Fahrten entfällt.[1]

Der Arbeitgeber kann wie bisher auch mit einer Prognoserechnung prüfen, ob die Fahrkarte bereits bei der Beschaffung steuerfrei belassen werden kann. Hier sind folgende Ansätze zu unterscheiden:

1. Prognostizierte **Voll**amortisation durch Fahrten nach **§ 3 Nr. 13 oder 16 EStG** – für Dienstreisen und Familienheimfahrten

   Die Prognose zum Zeitpunkt der Ausgabe der BahnCard kann ergeben, dass die Summe

   – aus den ersparten Kosten für Einzelfahrscheine (Kosten, die bei Nichtnutzung der BahnCard für die Fahrten im Rahmen einer Dienstreise (Auswärtstätigkeit) oder wöchentli-

---

[1] Die Steuerfreistellung nach § 3 Nr. 13 oder 16 EStG hat dabei Vorrang gegenüber der nach § 3 Nr. 15 EStG, so das BMF (Schreiben vom 15.08.2019, Az. IV C 5 – S 2342/19/10007 :001, Rz. 14, Abruf-Nr. 210780).

che Familienheimfahrten bei doppelter Haushaltsführung anfallen würden.),

– die Kosten der Fahrkarte für die entsprechende Gültigkeitsdauer erreichen oder übersteigen (prognostizierte Vollamortisation ohne § 3 Nr. 15 EStG).

Dann ist die Überlassung der Fahrkarte in voller Höhe als Reisekosten bzw. Kosten für doppelte Haushaltsführung steuerfrei. Die Nutzungsmöglichkeiten darüber hinaus sind nicht von Bedeutung.

Tritt die prognostizierte Vollamortisierung aus unvorhersehbaren Gründen (z. B. Krankheit oder Verschiebung von Dienstreisen) nicht ein, muss nicht nachversteuert werden.

Praxistipp

Neu ist die Regelung, dass eine neue Prognose für den Rest der Gültigkeitsdauer erforderlich ist, wenn sich die zugrunde liegenden Annahmen grundlegend ändern, der Mitarbeiter also z. B. einen Wechsel vom Außendienst in den Innendienst vornimmt.

Bereits vor dem 01.01.2019 konnten Arbeitgeber die Kosten einer BahnCard ersetzen, die dienstlich und privat genutzt werden kann: Steuerfreiheit war für den Teil der Kosten möglich, der tatsächlich für Auswärtstätigkeiten genutzt wurde, so der Erlass der Senatsverwaltung für Finanzen Berlin, der eigentlich für die Anschaffung von Karten im öffentlichen Nahverkehr gilt, aber auch für BahnCards Anwendung findet.

Danach gab es zwei Möglichkeiten, um zu ermitteln, in welchem Umfang der Arbeitgeber die Kosten für die BahnCard nach § 3 Nr. 13 oder § 3 Nr. 16 EStG steuerfrei erstatten kann (Senatsverwaltung für Finanzen Berlin, Runderlass ESt Nr. 353 vom 27.06.2016):

– Es wird prozentual ermittelt, in welchem Verhältnis die BahnCard privat und beruflich genutzt wird. Hier kann eine steuerfreie Erstattung in Höhe des beruflichen Anteils erfolgen.

– Es wird die Kostenersparnis ermittelt, die die BahnCard im Vergleich zu den Einzelfahrscheinen für die beruflichen Auswärtstätigkeiten gebracht hätte. Diese Amortisation darf der Arbeitgeber bis zur Höhe der tatsächlichen Kosten für die BahnCard erstatten.

2. Prognostizierte Vollamortisation unter Einbezug von **§ 3 Nr. 15 EStG**

Die BahnCard verbleibt auch steuerfrei, wenn die Prognose zum Zeitpunkt der Übergabe der Fahrkarte ergibt, dass die Summe

– aus den regulären Kosten für Einzelfahrscheine

und

– dem regulären Verkaufspreis einer Fahrkarte für die Strecke Wohnung/erste Tätigkeitsstätte

die Kosten der BahnCard für den entsprechenden Gültigkeitszeitraum erreicht oder übersteigt.

Praxistipp

Seit 01.01.2019 können durch die Steuerfreiheit der sogenannten Job-Tickets und damit der Fahrten zwischen Wohnung und erster Tätigkeitsstätte also auch diese in die Amortisationsrechnung der BahnCard mit aufgenommen werden. Dies war bisher untersagt.

Der Umfang der späteren tatsächlichen Nutzung und die darüber hinaus gehenden privaten Nutzungsmöglichkeiten sind unerheblich für die Prüfung.

Die Arbeitgeberleistung ist vorrangig als Reisekosten oder Mehraufwendungen bei doppelter Haushaltsführung steuerfrei nach § 3 Nr. 13 oder 16 EStG in Höhe der prognostizierten ersparten Kosten für Einzelfahrscheine, die ohne Nutzung der Fahrkarte während deren Gültigkeitsdauer für Dienstreisen (Auswärtstätigkeiten) oder Familienheimfahrten anfallen würden. Sie gilt als nachrangig steuerfrei nach § 3 Nr. 15 EStG als Kosten für die Fahrten Wohnung/erste Tätigkeitsstätte.

Generell gilt weiterhin: Die Fahrten zu den Auswärtstätigkeiten bzw. die täglichen Einsparungen müssen detailliert nachgewiesen werden. In den Beispielsfällen im BMF-Schreiben wird nämlich immer davon ausgegangen, dass am Ende der Laufzeit der BahnCard 100 die Kosten, die für Dienstreisen angefallen wären, bekannt sind. Tatsächlich ist dies nur der Fall, wenn der Arbeitnehmer während der Gültigkeitsdauer der BahnCard Aufzeichnungen über die Kosten für Bahnfahrten führt, die angefallen wären.

3. Prognostizierte Teilamortisation durch Fahrten nach
§ 3 Nr. 13 oder 16 EStG

Ergibt die Prognose zum Zeitpunkt der Beschaffung der
Fahrkarte, dass die Summe

- aus den regulären Kosten für Einzelfahrscheine

und

- dem regulären Verkaufspreis einer Fahrkarte für die Strecke Wohnung/erste Tätigkeitsstätte

für den entsprechenden Gültigkeitszeitraum die Kosten der
Fahrkarte nicht erreicht, handelt es sich um eine prognostizierte Teilamortisation.

In dem Fall stellt die Überlassung der Fahrkarte bzw. die
Kostenerstattung zunächst in voller Höhe steuerpflichtigen
Arbeitslohn dar. Sie kann für den Part steuerfrei verbleiben,
für den die Auswärtstätigkeit nachgewiesen werden kann,
also die Voraussetzungen für eine Steuerfreistellung nach
§ 3 Nr. 15 EStG vorliegen. Im Übrigen ist die Überlassung
der Fahrkarte bzw. die Kostenerstattung lohnsteuerpflichtig
(BMF, Schreiben vom 15.08.2019, Rz. 19).

Arbeitgeber sollten also sehr genau und nachvollziehbar dokumentieren, wie die Prognoseentscheidung ermittelt wurde.
Denkbar ist auch, den Wert der BahnCard zunächst in voller
Höhe als steuerpflichtigen geldwerten Vorteil zu versteuern
und die ersparten Fahrtkostenaufwendungen dann am Ende
des Gültigkeitszeitraums dem steuerpflichtigen Arbeitslohn
gegenüber zu stellen und diesen entsprechend zu reduzieren.

Bei einer Gültigkeit der Fahrkarte über den Jahreswechsel
hinaus sowie bei einer mehrjährigen Gültigkeitsdauer ist der
Korrekturbetrag zum Ende eines jeden Kalenderjahres sowie
zum Ende des Gültigkeitszeitraums anhand der in dem je-

weiligen Zeitraum durchgeführten Fahrten für Dienstreisen (Auswärtstätigkeiten) bzw. wöchentlichen Heimfahrten bei einer doppelten Haushaltsführung sowie anhand des zeitanteiligen regulären Verkaufspreises einer Fahrkarte für die Strecke Wohnung/erste Tätigkeitsstätte zu ermitteln.

Praxistipp

Im Rahmen der sozialversicherungsrechtlichen Betrachtung muss eine Überprüfung immer spätestens zum Februar des Folgejahres final abgeschlossen und nachversteuert sein.

6.1.4 Belegschaftsrabatte

Erhält ein Mitarbeiter von seinem Arbeitgeber Waren oder Dienstleistungen, die nicht überwiegend für den Bedarf seiner Mitarbeiter hergestellt, vertrieben oder erbracht werden, so sind diese bis zu einem Betrag von insgesamt 1.080 Euro im Kalenderjahr steuerfrei.

§ 8 Abs. 3 EStG gilt also ausschließlich für solche Zuwendungen, die der Arbeitgeber seinen eigenen Arbeitnehmern aufgrund des Dienstverhältnisses gewährt. Für die Anwendung des § 8 Abs. 3 EStG ist es aber nicht erforderlich, dass der Arbeitgeber die zu beurteilende Ware oder Dienstleistung fremden Letztverbrauchern im allgemeinen Geschäftsverkehr anbietet. Der Arbeitgeber muss mit den Waren am Markt in Erscheinung treten: es ist unerheblich, wenn er diese nicht Letztverbrauchern anbietet. Der Rabattfreibetrag ist trotzdem nutzbar.

Beispiel 1: Ihr Unternehmen besitzt in ganz Deutschland Filialen, in denen Wohnmöbel an private Endverbraucher verkauft werden. Ihre Mitarbeiter erhalten auf diese Möbel 20 % Rabatt.

Frau Frohsinn nutzt die Gelegenheit, ihre Studentenbude „aufzumöbeln" und kauft eine Schrankwand, die im Verkauf 3.000 Euro gekostet hätte, für 2.400 Euro.

Da sich der Vorteil für die Mitarbeiterin auf maximal 600 Euro beläuft, entsteht hier kein zu versteuernder geldwerter Vorteil. Der Vorgang bleibt für die Mitarbeiterin steuerfrei, weil die Grenze von 1.080 Euro nicht überschritten wurde.

Hinweis

Bei dem Betrag von 1.080 Euro pro Kalenderjahr handelt es sich um einen Freibetrag, d. h. bei Überschreitung des Betrages ist „nur" der diesen Betrag übersteigende Anteil zu versteuern. Übliche Preisnachlässe dürfen auch hier mit 4 % bewertet werden.

Sowohl die vorhandene Belegschaft wird es schätzen, günstiger Waren zu beziehen, als auch unsere drei potenziellen neuen Mitarbeiter. Sicher setzt dies aber immer ein passendes Waren- und Dienstleistungsportfolio voraus und ist nicht für alle Unternehmen anwendbar. Beachten Sie, dass auch elektrischer Strom eine Ware ist oder Beratungen, Kontenführung, Beförderungsleistungen etc. zu den Dienstleistungen zählen.

Beispiel 2: Herr Ehrlich hat sich nun seinen Traum vom eigenen
Haus erfüllt und kauft eine Schrankwand, die im Verkauf
8.000 Euro gekostet hätte, für 6.200 Euro.

Berechnung des Wertes des Sachbezugs:

	8.000 Euro	
-	320 Euro	(4 % übliche Preisnachlässe)
	7.680 Euro	
-	6.200 Euro	(vom Mitarbeiter gezahlter Kaufpreis)
	1.480 Euro	
-	1.080 Euro	(Rabattfreibetrag)
	400 Euro	müssen versteuert/verbeitragt werden

Tritt der Arbeitgeber nicht selbst mit Endverbrauchern in Kontakt, muss er den üblichen Endpreis am Abgabeort ermitteln. Übliche Preisnachlässe dürfen auch hier mit einem Abschlag von 4 % bewertet werden.

Beispiel 3: Ein Unternehmen produziert Wohnmöbel, die es an Möbelhändler verkauft. Der Arbeitgeber räumt seinen Arbeitnehmern die Möglichkeit ein, Möbel aus der Produktion verbilligt zu kaufen. Herr Klug kauft eine Schrankwand, die der Arbeitgeber für 1.800 Euro (inkl. MwSt) an Möbelhändler verkauft, für 1.200 Euro für die Studentenwohnung seines Sohnes.

Eine Umfrage des Arbeitgebers ergibt, dass die ansässigen Möbelhändler diese Schrankwand für durchschnittlich 2.500 Euro (inkl. MwSt) in den Preislisten für Endverbraucher stehen haben.

Der Sachbezug ermittelt sich dann wie folgt:

	2.500 Euro	(nicht 1.800 Euro)
-	100 Euro	(4 % übliche Preisnachlässe)
	2.400 Euro	
-	1.200 Euro	(vom Arbeitnehmer gezahltes Entgelt)
	1.200 Euro	
-	1.080 Euro	(Rabattfreibetrag)
	120 Euro	müssen versteuert/verbeitragt werden

Der Rabattfreibetrag findet keine Anwendung,

- für Sachbezüge, die nach § 40 EStG pauschal versteuert werden,

- für Waren und Dienstleistungen, die der Arbeitgeber überwiegend für den Bedarf der Arbeitnehmer herstellt, vertreibt oder erbringt (z. B. Kantinenmahlzeiten),

- soweit Arbeitnehmer Waren beziehen oder Dienstleistungen erhalten können, die in einem mit dem Arbeitgeber im Konzern verbundenen Unternehmen hergestellt, gehandelt oder erbracht werden,

- wenn der Arbeitnehmer den als Lohn zu beurteilenden Sachbezug auf Veranlassung des Arbeitgebers von einem Dritten erhält, es sich also nicht um Waren oder Dienstleistungen des Arbeitgebers handelt,

- für Waren und Dienstleistungen, die der Arbeitgeber nicht als eigene liefert oder erbringt.

Der Rabattfreibeitrag bezieht sich auf das konkrete, rechtlich selbstständige Unternehmen.

Beispiel 4: Die Firma „Möbelhaus Muster GmbH" lagert die Liegenschaftsverwaltung ihrer zahlreichen Filialmärkte in eine dafür neu gegründete „Möbelhaus Muster Immobilienverwaltungs-GmbH" aus. Die Mitarbeiter der „Möbelhaus Muster Immobilienverwaltungs-GmbH" erhalten Arbeitsverträge mit der „Möbelhaus Muster Immobilienverwaltungs-GmbH", dürfen aber ebenfalls in den Filialen der „Möbelhaus Muster GmbH" Möbel mit 20 % Rabatt erwerben.

Die Anwendung des Rabattfreibetrages kommt für die Mitarbeiter der „Möbelhaus Muster Immobilienverwaltungs-GmbH" nicht in Betracht, denn das „Kerngeschäft" der „Möbelhaus Muster Immobilienverwaltungs-GmbH" ist die Liegenschaftsverwaltung, nicht der Verkauf von Möbeln.

Praxistipp

Gewährt ein Konzernunternehmen Mitarbeitern anderer Konzernunternehmen Rabatte, liegt nach Auffassung der Finanzverwaltung „Arbeitslohn durch Dritte" vor, der entsprechend nach § 37b EStG zu versteuern (und zu verbeitragen) ist. Daher müssen Sachbezüge innerhalb eines Konzerns gemeldet und abgestimmt werden.

Exkurs: Rabatte, die von Dritten eingeräumt werden

Immer wieder kommt es in Unternehmen zu Einkaufsvorteilen für Arbeitnehmer, die nicht unmittelbar vom Arbeitgeber eingeräumt wurden. Preisvorteile gehören zum Arbeitslohn, wenn der Arbeitgeber an der Verschaffung der Vorteile mitgewirkt hat, also z. B.

- den Preisvorteil für den Arbeitnehmer ausgehandelt hat,

- für den Dritten Verpflichtungen übernommen hat, z. B. Inkassotätigkeit,

- Preisvorteile den Arbeitnehmern eines Dritten einräumt und dafür die eigenen Arbeitnehmer auch Rabatte bei diesem Dritten erhalten.

Es besteht **kein** Arbeitslohn, wenn der Arbeitgeber seine Aktivitäten darauf beschränkt

- Angebote Dritter in seinem Unternehmen bekannt zu machen,

- Angebote Dritter in seinem Unternehmen zu dulden,

- die Betriebszugehörigkeit seiner Mitarbeiter zu bescheinigen.

Ohne Zufluss von Arbeitslohn entsteht kein geldwerter Vorteil. Diese Waren und Dienstleistungen bleiben also steuer- und sozialversicherungsfrei. Die Mitwirkung des Betriebsrates hat sich der Arbeitgeber nicht zurechnen zu lassen. Wenn also beispielsweise der ortsübliche Weinhändler den Mitarbeitern gegen Vorlage des Mitarbeiterausweises oder einer Bestätigung des Arbeitgebers, dass er in einem bestimmten Unternehmen beschäftigt ist, einen Rabatt gewährt und der Arbeitgeber diesen nicht verhandelt oder forciert hat, verbleibt diese Rabattgewährung durch Dritte steuer- und sozialversicherungsfrei.

Die Thematik der Rabatte von Dritter Seite hat das BMF geregelt (BMF, Schreiben vom 20.01.2015, Az. IV C 5 - S 2360/12/10002).

6.1.5 Betriebliche Altersversorgung

Lange Jahre galt die betriebliche Altersversorgung (bAV) als wichtiger Bestandteil der Entgeltgestaltung in Unternehmen, bevor sie an Bedeutung verlor und der Wunsch nach der sofortigen Verfügbarkeit der Mittel in den Vordergrund rückte. Durch die Reduzierung der zu erwartenden gesetzlichen Renten ist das Thema wieder interessanter geworden. Die gleichzeitige Reduzierung der Garantiezinsen im Rahmen der betrieblichen Altersversorgung wiederrum machte deren Attraktivität geringer.

In den letzten Jahren hat sich der Fokus der für Mitarbeiter wichtigen Themen generell etwas verschoben: Geld rückte ein wenig in den Hintergrund zu Gunsten von Freizeit und Familie. Diese Verschiebung der Schwerpunkte führte bei vielen – besonders jungen – Mitarbeitern dazu, der Sorge um die Familie und damit auch der Absicherung im Alter wieder mehr Augenmerk zu schenken.

Das seit 01.01.2018 gültige Betriebsrentenstärkungsgesetz soll hier eine weitere Stütze bieten.

Prinzipiell unterscheidet man in der Altersversorgung verschiedene Bausteine/Säulen:

1. **Säule: Rentenzahlungen der deutschen Rentenversicherung:**

   Diese sogenannte Basisrente ist steuerbegünstigt und wird je nach Jahrgang sicherlich nicht mehr ausreichen, um unsere oder die Bedürfnisse unserer Mitarbeiter im Alter abzudecken.

2. **Säule: Vorsorge-Sparen:**

   Gemeint ist die Absicherung durch betriebliche Altersvorsorge, geleistet durch den Arbeitgeber oder durch Entgeltumwandlungen.

3. Säule: Vorsorge-Sparen aus privatem Kapital

Da die erste Säule keine ausreichende Absicherung mehr liefert und die dritte Säule keine Steuerbegünstigung darstellt, verbleibt aus Arbeitgebersicht die Säule 2, der wir hier genauere Beachtung schenken wollen.

6.1.5.1 Heutige Durchführungswege der bAV

Im Rahmen der betrieblichen Altersvorsorge unterscheiden wir fünf Durchführungswege:

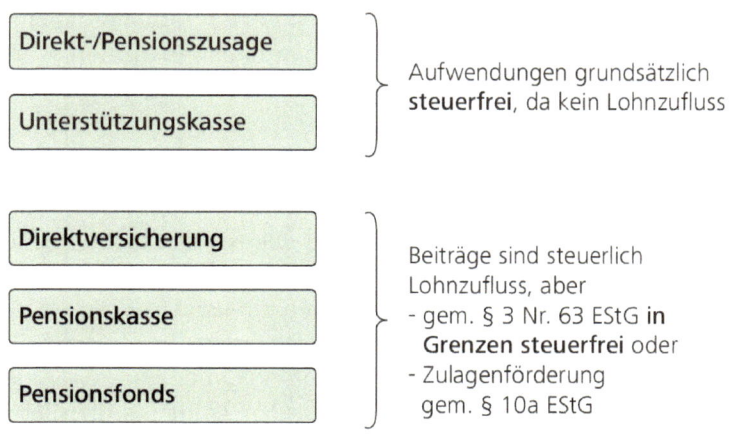

Direkt-/Pensionszusage

Die Direkt-/Pensionszusage wird im Regelfall rein durch den Arbeitgeber bedient und mündet im Rentenalter in einer Betriebsrente. Da viele Unternehmen aus der Vergangenheit noch umfangreiche Rentenzusagen zu bewältigen haben, gibt es Konstellationen, in denen ein Unternehmen mehr Rentenempfänger als Arbeitnehmer hat. Keine erquickliche Vorstellung für einen

Arbeitgeber. Daher sollte mit Rentenzusagen generell eher vorsichtig umgegangen werden.

Steuer- und sozialversicherungsrechtlich sind Zahlungen des Arbeitgebers dabei in vollem Umfang frei. Leistungen, die aus einer Entgeltumwandlung stammen, sind bis zu 4 % der Beitragsbemessungsgrenze in der gesetzlichen Rentenversicherung beitragsfrei. Bis 31.12.2001 bestand auch bei Entgeltumwandlungen Beitragsfreiheit in vollem Umfang.

Unterstützungskasse

Unterstützungskassen (U-Kassen) sind ebenfalls von rückläufiger Bedeutung, da diese früher direkt für einen Arbeitgeber eingerichtet und häufig auch nach diesem benannt wurden. Verbunden damit ist aber ein entsprechender Verwaltungsaufwand, der heute oftmals gescheut wird.

Denkbar ist, als Arbeitgeber Mitglied in einer offenen U-Kasse zu werden, da diese Form der betrieblichen Altersversorgung sinnvoll für Führungskräfte sein kann, die relativ umfangreiche Mittel in eine betriebliche Altersversorgung investieren wollen. Hintergrund dazu ist, dass sowohl der Aufwand des Arbeitgebers als auch die Zahlungen des Arbeitnehmers im Rahmen einer Entgeltumwandlung in vollem Umfang ohne betragsmäßige Begrenzung steuerfrei eingezahlt werden können. Allerdings darf sich der geleistete Beitrag nicht reduzieren, d. h. ein einmal vereinbarter Beitrag von 10.000 Euro aus einer jährlichen Tantieme muss dann auch jährlich eingebracht werden. Sozialversicherungsrechtlich ist der Aufwand des Arbeitgebers beitragsfrei und die Einzahlungen des Arbeitnehmers im Rahmen einer Entgeltumwandlung sind bis zu 4 % der Beitragsbemessungsgrenze in der gesetzlichen Rentenversicherung beitragsfrei. Bis 31.12.2001 bestand auch bei Entgeltumwandlungen Beitragsfreiheit in vollem Umfang.

Direktversicherung/Pensionskasse/Pensionsfonds

Diese drei Durchführungswege sind die heutzutage am häufigsten gewählten und in ihrer steuerrechtlichen Wirkung sehr ähnlich. Es bestehen aber Unterschiede in der Übertragbarkeit beim Arbeitgeberwechsel und ähnlichen Rahmenbedingungen, sodass man sich vor einer Entscheidung für einen der Durchführungswege von einem Fachmann beraten lassen sollte. Um diese Wege weiter zu fördern und darüber hinaus Raum für weitere steuerfreie Optionen zu schaffen, wurde zum 01.01.2018 das neue Betriebsrentenstärkungsgesetz ins Leben gerufen.

6.1.5.2 Das neue Betriebsrentenstärkungsgesetz

Das Betriebsrentenänderungsgesetz umfasst im Prinzip folgende Bestandteile:

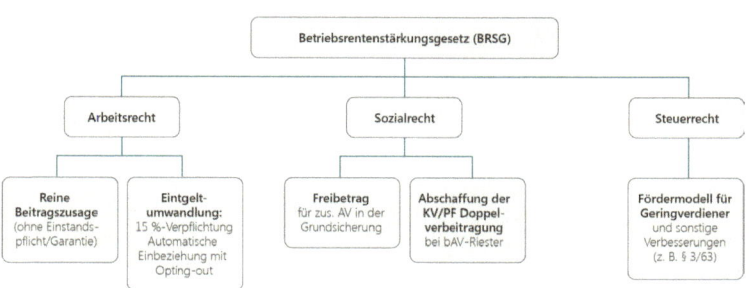

Dabei soll eine möglichst hohe Abdeckung der betrieblichen Altersversorgung (bAV) und damit ein höheres Versorgungsniveau durch zusätzliche Altersvorsorge erreicht werden. Bereits vor Inkrafttreten des Gesetzes war jeder Arbeitgeber verpflichtet, seinen Mitarbeitern eine Form der bAV anzubieten. Seit 01.01.2018 unterstützt das Betriebsrentenstärkungsgesetz die Bemühungen dazu und regelt folgende Punkte:

- **Steuerfreiheit der Beiträge**

- **Erhöhung des steuerfreien Dotierungsrahmens**

Der steuerfreie Höchstbeitrag in der kapitalgedeckten bAV
wurde ab 01.01.2018 auf 8 % der Beitragsbemessungsgrenze der gesetzlichen Rentenversicherung (West) angehoben.
Im Gegenzug entfällt der Aufstockungsbetrag in Höhe von
1.800 Euro. Pauschal versteuerte Beiträge (Zusagen nach § 40b
EStG a. F.) sind darauf anzurechnen. So sind also 2020 8 % von
82.800 Euro steuerfrei, d. h. 6.624 Euro.

Sozialabgabenfrei sind weiterhin nur 4 % der BBG RV (West),
2020 also 3.312 Euro.

Beispiel: Für einen Arbeitnehmer liegen folgende Verträge zur betrieblichen Altersvorsorge vor:

Vertrag 1:

Direktversicherung ab 01.01.2004,

AG-Leistung 1.752,00 Euro jährlich.

Vertrag 2:

Pensionskasse ab 01.01.2005,

Entgeltumwandlung 5.000,00 Euro jährlich.

Ab 01.01.2019 gilt dann folgendes:

Vertrag 1 ist als sogenannter Altvertrag bis dato in der
Lohnsteuer pauschaliert worden und verbleibt damit auch
ab 01.01.2019 weiterhin mit dem vollen Volumen von
1.752 Euro in der Pauschalversteuerung und damit sozialversicherungsfrei.

Vertrag 2 ist bis zu 8 % der Beitragsbemessungsgrenze
steuerfrei, also in 2020 bis zu 6.624 Euro. Die bereits für die
pauschalierte Versicherung genutzten Anteile müssen da-

von abgezogen werden, es verbleiben also noch 6.624 Euro
./. 1.752 Euro = 4.872 Euro, die steuerfrei genutzt werden
können. Sozialversicherungsfrei verbeiben nur maximal
4 % der Beitragsbemessungsgrenze, somit also 3.312 Euro
./. 1.752 Euro = 1.560 Euro von Vertrag 2.

Vereinfachung der Abgrenzung von Alt- und Neuzusagen

Ab 01.01.2018 entfällt die Unterscheidung nach Altzusage (vor
2005) und Neuzusage (nach 2004). Wurde für einen Arbeitnehmer vor dem 01.01.2018 mindestens ein Beitrag rechtmäßig
nach § 40b EStG a. F. pauschalversteuert, liegen für diesen Arbeitnehmer die Voraussetzungen für die Anwendung des § 40b
EStG a. F. sein ganzes Leben lang vor.

Bei einem Arbeitgeberwechsel genügt es, wenn der Arbeitnehmer die Durchführung der pauschalen Versteuerung nachweist,
z. B. durch Gehaltsabrechnung oder Bescheinigung des alten
Arbeitgebers, so das Gesetz. In der Praxis empfehlen wir dringend, den alten Vertrag auch bisher für die Prüfung anzufor-
dern, da die meisten Mitarbeiter diese Unterscheidungen in der
bAV nicht wirklich einschätzen können.

Vervielfältigung bei Auflösung des Arbeitsverhältnisses

Aus Anlass der Beendigung eines Dienstverhältnisses wurden
die Grenzen der zu einer bAV steuerfrei leistbaren Beiträge angehoben. Sie verbleiben nach derzeitigem Rechtsstand steuer-,
aber nicht sozialabgabenfrei,

- soweit sie 4 % der BBG GRV (West),

- vervielfältigt mit der Anzahl der Kalenderjahre, in denen das
  Dienstverhältnis bestand,

- höchstens jedoch 10 Kalenderjahre,

- nicht übersteigen.

Hinweis

Abfindungen, die für den Verlust des Arbeitsplatzes geleistet werden, gehören nicht zum Arbeitsentgelt im Sinne der Sozialversicherung.

Vervielfältigung bei Nachzahlungen bei ruhendem Arbeitsverhältnis

Nachzahlungen von Beiträgen an kapitalgedeckte Pensionsfonds, Pensionskassen und Direktversicherungen können steuerfrei bis maximal 8 % der BBG GRV (West) geleistet werden, für volle Kalenderjahre (01.01. – 31.12.),

- in denen das erste Dienstverhältnis ruhte und

- in Deutschland kein steuerpflichtiger Arbeitslohn bezogen wurde (z. B. Elternzeit, Sabbatjahre, Entsendung ins Ausland).

Praxistipp

Berücksichtigt werden hier auch Kalenderjahre vor 2018, wenn die Nachzahlung erst nach dem 01.01.2018 erfolgt und maximal 10 Kalenderjahre umfasst.

bAV-Förderbetrag für Arbeitnehmer mit niedrigem Einkommen

Um den Aufbau einer betrieblichen Altersvorsorge für Arbeitnehmer mit niedrigem Einkommen zu unterstützen, wurde ein neuer Förderbetrag nach § 100 EStG eingeführt. Der Arbeitgeber kann unter bestimmten Voraussetzungen 30 % des Arbeitgeberzuschusses zur betrieblichen Altersvorsorge direkt von der Lohnsteuer-Anmeldung absetzen.

Voraussetzung dafür ist die Einhaltung bestimmter Grundlagen, die wir nachfolgend dargestellt haben.

Anlageform:

- Kapitalgedeckte bAV (Direktversicherung, Pensionskasse, Pensionsfonds).

- Auszahlung in Form einer Rente oder eines Auszahlungsplans.

- Abschluss- und Vertriebskosten dürfen nur als fester Anteil der laufenden Beträge einbehalten werden.

Arbeitgeber:

- Der Arbeitgeber ist als inländischer Arbeitgeber oder ausländischer Verleiher zum Lohnsteuerabzug verpflichtet.

- Der Arbeitgeber-Zuschuss umfasst mindestens 240 Euro, maximal 480 Euro im Kalenderjahr.

Arbeitnehmer:

- Der Förderbeitrag ist nur für das erste Dienstverhältnis nutzbar.

- Es muss sich um einen sogenannten Geringverdiener handeln, d. h. der laufende Arbeitslohn zum Zeitpunkt der Zahlung darf 2.200 Euro monatlich nicht übersteigen.

Praxistipp

Die Geringverdienergrenze gilt auch als unterschritten, wenn der Mitarbeiter in Teilzeit tätig ist. Wenn für diesen Monat das Gesamtentgelt die 2.200 Euro-Grenze unterschreitet, ist der Abzug des Förderbetrages möglich. Erhöht sich später das Gehalt rückwirkend z. B. durch Tariferhöhung, muss der Förderbetrag nicht rückwirkend reduziert bzw. erstattet/korrigiert werden.

Berechnung: Der Förderbetrag beträgt 30 % des AG-Zuschusses:

- min. 72 Euro jährlich (30 % aus 240 Euro)
- max. 144 Euro jährlich (30 % aus 480 Euro)

Hat der Arbeitgeber bereits 2016 einen Zuschuss geleistet, ist der Förderbetrag auf den Betrag beschränkt, den der Arbeitgeber darüber hinaus leistet. Hat der Arbeitgeber erstmalig 2017 einen Zuschuss geleistet, ist dieser voll förderfähig. 2016 bildet das „Grenzjahr".

Beispiel: Der Arbeitnehmer bezieht im Januar ein Einkommen von 2.100 Euro brutto, der Arbeitgeber zahlt einen Zuschuss zur bAV in Höhe von 40 Euro monatlich. Bis 2016 hat der Arbeitgeber keinen Zuschuss geleistet.

Der Arbeitgeber kann 12 Euro (30 % aus 40 Euro) von der Lohnsteuer-Anmeldung absetzen. Wenn das Einkommen z. B. ab Oktober auf 2.300 Euro steigt, wird ab diesem Zeitpunkt der Arbeitgeberzuschuss nicht mehr gefördert.

Ist die Situation wie gerade beschrieben und der bAV-Zuschuss wird im Januar direkt in voller Höhe bezahlt (12 x 40 Euro), dann erfolgt keine Rückerstattung der bereits einbehaltenen Förderbeträge. Es wurden im Rahmen des Betriebsrentenstärkungsgesetzes noch weitere Verbesserungen z. B. bei der Riester-Rente eingeführt und so z. B. die Grundzulage erhöht und die Doppelverbeitragung abgeschafft.

Renten aus einer riestergeförderten bAV über eine Pensionskasse, einen Pensionsfonds oder eine Direktversicherung stellen ab dem 01.01.2018 keine Versorgungsbezüge mehr dar. Diese „betrieblichen Riester-Renten" werden damit in der Auszahlungsphase beitragsrechtlich den reinen privaten Riester-Renten gleichgestellt. Im Ergebnis wird damit erreicht, dass die betriebliche Riester-Rente entweder – z. B. bei versicherungspflichtigen Rentnern – gar nicht zu den beitragspflichtigen Einnahmen gehört oder – im Rahmen der freiwilligen Versicherung – nur mit dem ermäßigten Beitragssatz verbeitragt wird.

Sozialpartnermodell

Seit dem 01.01.2019 haben Gewerkschaften und Arbeitgeber die Möglichkeit, Betriebsrenten ohne die Haftung von Arbeitgebern zu vereinbaren. Als neue Zusageart wird die reine Beitragszusage eingeführt, die im Allgemeinen als Sozialpartnermodell bezeichnet wird. Dabei ist der Arbeitgeber nur noch zur Ermittlung und Abführung der zugesagten Beiträge verpflichtet („pay and forget"), das Erfüllungs- und Haftungsrisiko geht vollständig auf einen externen Versorgungsträger (Pensionskasse, Direktversicherung oder Pensionsfonds) über. Eine bestimmte Versorgungsleistung wird vom Arbeitgeber nicht zugesagt und darf auch vom Versorgungsträger nicht zugesagt werden.

Voraussetzung ist das Vorliegen eines entsprechenden Tarifvertrags. Nichttarifgebundene Arbeitgeber und Beschäftigte können vereinbaren, dass die einschlägigen Tarifverträge einer Branche auch für sie gelten sollen.

Verpflichtender Arbeitgeberzuschuss zur Entgeltumwandlung

Seit vielen Jahren haben Arbeitnehmer einen Rechtsanspruch auf Entgeltumwandlung, aber ohne tarifliche Zugehörigkeit und Vorgaben bestand kein Rechtsanspruch auf einen Zuschuss seitens des Arbeitgebers. Durch das Betriebsrentenstärkungsgesetz ist der Arbeitgeber ab 01.01.2019 für Neuzusagen verpflichtet, eine Entgeltumwandlung eines Arbeitnehmers zu Gunsten einer betrieblichen Altersvorsorge mit 15 % des umgewandelten Entgelts zusätzlich als Arbeitgeberzuschuss zu unterstützen. Der Zuschuss von 15 % ist dabei allerdings auf die Einsparung von Sozialversicherungsbeiträgen begrenzt. Zudem muss die reine Beitragszusage durch Entgeltumwandlungen finanziert werden. Diese Verpflichtung besteht nur bei Zahlungen an einen Pensionsfonds, eine Pensionskasse oder eine Direktversicherung, nicht jedoch, wenn die Entgeltumwandlung in der Direktzusage oder Unterstützungskasse erfolgt. Die auf dem gesetzlich verpflichtenden Arbeitgeberzuschuss zur Entgeltumwandlung beruhende Betriebsrentenanwartschaft ist sofort gesetzlich unverfallbar.

Soweit Entgeltansprüche auf einem Tarifvertrag beruhen, kann für diese eine Entgeltumwandlung nur vorgenommen werden, soweit dies durch den Tarifvertrag vorgesehen oder durch den Tarifvertrag zugelassen ist. In einem Tarifvertrag kann geregelt werden, dass der Arbeitgeber für alle Arbeitnehmer des Unternehmens eine automatische Entgeltumwandlung einführt. Der Arbeitnehmer hat hier jedoch ein Widerspruchsrecht (Optionssystem – sogenanntes Opting Out).

Doch wie setzt man diese 15 % Zuschuss nun um? Generell kann eine harte Abrechnung vorgenommen werden, die genau die Beiträge umwandelt, die noch bis zur Erreichung der Bemessungsgrenzen sozialversicherungsfrei verblieben. Diese

Option ist aber sehr aufwendig und setzt in der Praxis einen umfangreichen Rechenvorgang in Gang. Darüber hinaus ist ein hoher Grad an Überwachung für diesen Ansatz nötig, wie folgendes Beispiel zeigt:

Ein Mitarbeiter hat ein Einkommen von 5.300 Euro pro Monat. Er bedient eine betriebliche Altersversorgung mit 150 Euro monatlich. Diese müsste nun mit 15 % bezuschusst werden.

Frage 1: Wie wird der Zuschuss überhaupt berechnet?

- 15 % **auf** 150 Euro: D. h. 22,50 Euro Arbeitgeber-Anteil werden zu den 150 Euro Entgeltumwandlung gezahlt, gesamt fließen also 172,50 Euro in die betriebliche Altersversorgung.

- 15 % **von** 150 Euro: D. h. 22,50 Euro Arbeitgeber-Anteil werden von den 150 Euro gezahlt, d. h. die Entgeltumwandlung reduziert sich dann auf 127,50 Euro.

- 15 % **in** 150 Euro: D. h. 130,43 Euro werden umgewandelt und 19,56 Euro werden als Arbeitgeberzuschuss erbracht.

Tatsächlich sind alle drei Ansätze zulässig und gesetzlich erlaubt. Um den Anforderungen der allgemeinen Gleichbehandlung gerecht zu werden, ist es aber durchaus sinnhaft und auch nötig, sich für einen Weg zu entscheiden und diesen dann auch allgemein anzuwenden.

Wichtiger in diesem Beispiel scheint die Einbeziehung der Deckelung durch die Einsparung von Sozialversicherungsbeiträgen. In unserem Beispielfall wird in der Kranken- und Pflegeversicherung ja keine sozialversicherungsrechtliche Einsparung realisiert.

Frage 2: Wenn der Weg, wie der Zuschuss berechnet wird, geklärt ist, wie wird dieser dann gedeckelt, wenn die Beitragsbemessungsgrenze die Höchstgrenze darstellen soll? Ist hier die Beitragsbemessungsgrenze KV oder RV gemeint oder müsste man für beide Wege eine Berechnung durchführen? Und wie wird mit Sonderzahlungen verfahren?

Bis dato wurde hier interpretiert, solle man sich an der Prüflogik der privaten/gesetzlichen Krankenkassenzugehörigkeit festmachen. D. h. wenn Sonderzahlungen regelmäßig zu erwarten sind, sind diese mit einzuberechnen. Sind sie es nicht, finden diese auch keine Berücksichtigung bei der Berechnung der Zuschüsse zur Entgeltumwandlung. Dieser Ansatz wäre aber stark zu Lasten des Arbeitnehmers, der dann ja Zuschüsse leisten würde, obwohl er keine Beitragseinsparungen daraus erfährt.

Es bleibt also spannend und abzuwarten, bis es hier die erste Rechtsprechung zu diesen Fällen gibt. In der Praxis setzt sich allerdings auch eher der Trend um, dass die Zuschüsse abhängig von Hierarchieebenen in Unternehmen gewährt werden und nicht final abhängig vom Entgelt. Man wählt natürlich dabei Ebenen aus, die ohnehin oberhalb der Beitragsbemessungsgrenze sind, für welche man keine Zuschüsse mehr gewährt. Dabei werden dann aber auch viele Mitarbeiter einer Bezuschussung unterworfen, obwohl die Einsparung von Sozialversicherungsanteilen nicht gegeben ist. Die Einsparungen im Handling überwiegen aber den Aufwand durch die fehlenden Sozialversicherungsanteile in der Wahrnehmung der Unternehmen bei Weitem.

Übergangsregelung

Für bereits bestehende Entgeltumwandlungsvereinbarungen ist der Arbeitgeberzuschuss erst ab 01.01.2022 verpflichtend. Der Zuschuss ist tarifdispositiv, d. h. in Tarifverträgen kann nach § 19 Abs. 1 BetrAVG von § 1a BetrAVG abgewichen werden. Abweichende Regelungen bei nicht tarifgebundenen Arbeitgebern gelten weiterhin, sofern diese bereits bestanden haben, z. B. ein abweichender Prozentsatz des Arbeitgeberzuschusses.

Da das Gesetz nach wie vor die Kenntnis der bisherigen gesetzlichen Grundlagen mehr oder minder voraussetzt, wollen wir auch diesen jeweils kurze Kapitel widmen, die aber die vorher hier aufgezeigte Zusammenfassung zum Betriebsrentenstärkungsgesetz jeweils berücksichtigt.

6.1.5.3 „Altfälle" der betrieblichen Altersversorgung

Bis 31.12.2004 waren diese Durchführungswege pauschaliert zu versteuern. Die Pauschalsteuer in Höhe von 20 % des Versicherungsbetrages war allerdings gemäß § 40b EStG an einen Höchstbeitrag von maximal 1.752 Euro gebunden, der nur für Gruppenverträge unter bestimmten Bedingungen auf 2.148 Euro jährlich ausgedehnt werden konnte. Dieser Ansatz findet auch im Rahmen des Betriebsrentenstärkungsgesetzes Anwendung.

Die Beitragszahlungen des Arbeitgebers, die zusätzlich zum Arbeitslohn geleistet werden und im Rahmen der Pauschalierungsgrenzen bleiben, bleiben beitragsfrei. Die pauschal besteuerten Beiträge des Arbeitnehmers sind bis zur steuerlichen Pauschalierungsgrenze ebenfalls beitragsfrei. Bei einer Finanzierung der Beiträge über eine Entgeltumwandlung darf sich die Entgeltumwandlung aber nicht auf das regelmäßige Entgelt beziehen. Nur Einmalzahlungen werden in der Sozialversicherung beitragsfrei gestellt.

Diese „Altfälle" sind zukünftig aus Sicht der Gesetzgebung weniger kompliziert nachzuweisen, aus der Praktikersicht aber wie schon erwähnt auch weiterhin anhand von Verträgen zu prüfen. Die Freibeträge werden auf den Gesamtfreibetrag von 8 % der Beitragsbemessungsgrenze, also für 2020 6.624 Euro steuerlich angerechnet und reduzieren diesen in der Anwendung entsprechend.

6.1.5.4 „Neufälle" der betrieblichen Altersversorgung

Bei Versicherungen, die regelmäßig ab 01.01.2005 abgeschlossen wurden, spricht man von sogenannten „Neufällen", die bis dato bis Ende 2017 bis zu 4 % der Beitragsbemessungsgrenze der Rentenversicherung West steuer- und sozialversicherungsfrei blieben. Zusätzlich konnten weitere 1.800 Euro je Jahr steuerfrei, aber sozialversicherungspflichtig genutzt werden. Ab 01.01.2018 können bis zu 8 % der Beitragsbemessungsgrenze und damit 82.800 Euro in 2020 = 6.624 Euro steuerfrei umgewandelt bzw. eingezahlt werden.

Für die Anwendung der Steuerfreiheit ist unerheblich, ob die Beitragszahlungen vom Arbeitgeber zusätzlich zum ohnehin geschuldeten Arbeitslohn erbracht werden oder ob diese im Rahmen der Entgeltumwandlung geleistet werden. Allerdings dürfen diese Steuerbefreiungsvorschriften immer nur beim ersten Dienstverhältnis angewendet werden. Bei Arbeitsverhältnissen, für die der Mitarbeiter die Lohnsteuerklasse VI anwenden lässt, muss eine individuelle Versteuerung der Beiträge erfolgen.

Diese Regelungen gelten für die Direktversicherung, die Pensionskasse und den Pensionsfonds und weichen nur in einem Sachverhalt beim Pensionsfonds ab: Steuerfreie Leistungen eines Arbeitgebers oder einer Unterstützungskasse an einen Pensionsfonds zur Übernahme bestehender Versorgungsverpflichtungen oder -anwartschaften sind in vollem Umfang beitragsfrei in der Sozialversicherung. Für die anderen Durchführungswege bleibt die Grenze bei 4 % der Beitragsbemessungsgrenze und damit 3.312 Euro bestehen.

6.1.5.5 Gesetzlicher Anspruch des Mitarbeiters

Grundsätzlich gilt zu beachten, dass jeder Mitarbeiter seit 01.01.2002 einen gesetzlichen Anspruch auf eine betriebliche

Altersversorgung geltend machen kann. Allein dies führt dazu, dass sich jedes Unternehmen mit der betrieblichen Altersversorgung auseinandersetzen muss. Der gesetzliche Anspruch des einzelnen Mitarbeiters in der Praxis kann bedeuten, dass sich jeder Mitarbeiter in einem Unternehmen für eine andere Versicherung mit einem anderen Durchführungsweg entscheidet, da ein Mitarbeiter den Durchführungsweg der betrieblichen Altersversorgung und auch den Vertragspartner völlig frei wählen kann, wenn der Arbeitgeber dazu keine Vorgaben gemacht hat. Dies kann für den Arbeitgeber mit erheblichen Risiken verbunden sein, da bei Insolvenzen des Versicherungspartners z. B. sehr schnell der Arbeitgeber in die Haftung gerät. Darüber hinaus ist der daraus resultierende Verwaltungsaufwand für das Unternehmen erheblich.

Um diese Risiken zu reduzieren, ist die Verhandlung eines individuell abgestimmten Durchführungsweges im Unternehmen sinnvoll. Die Mitarbeiter können dieses Angebot bei Interesse nutzen und meist sogar noch von den günstigen Tarifen des Unternehmens partizipieren. Darüber hinaus ist für betriebliche Altersversorgungen oftmals der Gesundheits-Check minimierbar, was für viele Mitarbeiter eine große Erleichterung darstellt. Würde ein Mitarbeiter aufgrund eines Bandscheibenvorfalls z. B. nur schwerlich in bestimmte Vorsorgetarife gelangen, so ist dies im Rahmen der betrieblichen Altersversorge meist problemlos möglich.

In diesem Fall muss der Mitarbeiter allerdings den vorgegebenen Durchführungsweg akzeptieren. Auch für Mitarbeiter, die bereits aus vorherigen Anstellungsverhältnissen eine betriebliche Altersversorgung mitbringen, bieten sich hier die Möglichkeiten der Übertragung des Deckungskapitals seiner Versicherung. Für diesbezügliche Entscheidungen, die ja auch Einflüsse auf die bisherige Garantieverzinsung der Kollegen haben wird, sollte man sich aber fachkundige Unterstützung an die Hand holen. Sie merken schon, wir driften hier ab in den Versicherungsjargon, der besser mit einem dafür geschulten Berater besprochen werden sollte. Das neue Betriebsrentenstärkungsgesetz schafft ab 2019 Wege, diese Haftungen für den Arbeitgeber zu reduzieren.

6.1.5.6 Betriebliche Altersversorgung und Kurzarbeit

Derzeit kursieren am bAV-Markt unterschiedliche Berechnungen bzgl. des Kurzarbeitergeldes. Soll eine bAV sich bei der Kurzarbeit auswirken oder nicht? Die Versicherer sind sich hier uneinig.

Die Agentur für Arbeit hat in ihren fachlichen Anweisungen festgelegt, dass die bAV nicht als Arbeitsentgelt gilt, was auch richtig sein dürfte, siehe Seite 77 der fachlichen Weisungen zum Kurzarbeitergeld:

Entgeltumwandlung (106.3)

(2) Künftige Entgeltansprüche können in eine wertgleiche Anwartschaft auf Versorgungsleistungen umgewandelt werden (**Entgeltumwandlung** i.S.d. § 1 Abs. 2 Nr. 3 Betriebsrentengesetz). Die für die Entgeltumwandlung in den Durchführungswegen Direktzusage und Unterstützungskasse sowie Pensionskasse, Pensionsfonds und Direktversicherung verwendeten Entgeltbestandteile sind bis zu einem Betrag in Höhe von 4 v.H. der jährlichen Beitragsbemessungsgrenze (West) der Rentenversicherung der Arbeiter und Angestellten (Beispiel: 2018: 3.120 EUR; mtl. 260 EUR) kein Arbeitsentgelt (§ 1 Abs. 1 Nr. 9 SvEV). Diese Entgeltbestandteile sind somit weder im Soll- noch im Ist-Entgelt zu berücksichtigen.

Fraglich ist aber, wie dies zu interpretieren ist.

Unserer Meinung nach dürfte dies dann gar nicht angesetzt werden. Kurzarbeitergeld müsste also aus dem ungekürzten Brutto gerechnet werden. Das ist aber z. B. in den meisten Lohnprogrammen nicht der Fall! Bei Rückfragen weisen wir im Moment auf die Uneinigkeit in der rechtlichen Sichtweise hin.

6.1.6 Betriebssport

Auch wenn diese Maßnahmen gerade eher in der Realität alle nicht nutzbar sind, hoffen wir doch, dass wir diese über kurz oder lang wieder anbieten dürfen.

Verfügen Unternehmen über eigene Betriebssportanlagen, so steht die Nutzung durch die Mitarbeiter im überwiegenden betrieblichen Interesse und ist damit lohnsteuer- und sozialversicherungsfrei.

Häufig wird man als Arbeitgeber aber eher Hallen anmieten und den Mitarbeitern z. B. für Squash, Badminton oder dergleichen zur Verfügung stellen. Hier zeigen sich dann einige Kuriositäten des Steuerrechts: Die Bereitstellung von Fußball- oder Handballsportplätzen ist z. B. nach geltender BFH-Rechtsprechung kein geldwerter Vorteil, wohl aber die Bereitstellung von Tennis- oder Golfplätzen. Der Gedanke des Mannschaftssports scheint hier im Vordergrund zu stehen.

Oftmals wird unter dem Begriff Betriebssport auch die Mitgliedschaft in einem Fitnessstudio angeboten. Hier ist eine genaue Betrachtung der Gestaltung wichtig: Werden Arbeitgeber Vertragspartner des Fitnessstudios und haben mit diesem einen Rahmenvertrag, kann also der Mitarbeiter nur über den Arbeitgeber vergünstigt Mitglied im Fitnessclub oder -verein werden, so handelt es sich um einen echten Sachbezug, der versteuert werden muss oder aber im Rahmen der 44 Euro-Freigrenzen gewährt werden kann. Da die Beiträge zu Fitnessstudios aber im Regelfall über 44 Euro liegen bzw. die 44 Euro-Freigrenze häufig anderweitig ausgeschöpft ist, wird dieser Option in der Praxis wenig Bedeutung zukommen. Weitere Hürde ist dabei oft, dass die Fitnessstudios die Rechnungen nicht direkt an den Arbeitgeber ausstellen, sondern die Verträge mit den Arbeitnehmern abschließen. In dieser Konstellation muss also der

Arbeitgeber dem Arbeitnehmer den Zuschuss über das Entgelt bezahlen und der Mitarbeiter nutzt diesen dann für die Zahlung des Fitnessstudios.

Praxistipp

Der Mitarbeiter erhält hier also Geld ausgezahlt und diese Barauszahlung wird − selbst wenn sie an eine Zweckbindung geknüpft ist, der Mitarbeiter also die Zugehörigkeit zum Studio nachweisen muss − seit 01.01.2020 − und in der Regel auch schon zuvor nicht als Sachbezug anerkannt.

Weitere Herausforderung bei einer solchen Firmenfitnessmitgliedschaft: Erhält der Arbeitnehmer einen Mitgliedsausweis, der zur Nutzung der teilnehmenden Einrichtungen für einen bestimmten Zeitraum (z. B. ein Jahr) berechtigt, fließt dem Arbeitnehmer der geldwerte Vorteil **für den gesamten Zeitraum im Zeitpunkt der Überlassung des Mitgliedsausweises** zu. Die Anwendung der 44 Euro-Freigrenze für Sachbezüge wäre in dieser Konstellation dann nicht erlaubt. Entscheidend ist hier meist die Frage, ob der Sachbezug monatlich oder für einen längeren Zeitraum (z. B. ein Jahr) zufließt, was davon abhängt, ob die Dauer der Mitgliedschaft tatsächlich einen Monat beträgt und sich jeweils um einen Monat verlängert, wenn der Arbeitnehmer nicht widerspricht bzw. kündigt, oder ob der Vertrag auf ein Jahr Laufzeit oder länger abgeschlossen wurde.

Oftmals wird versucht, Betriebssport als Maßnahme der Gesundheitsförderung steuerfrei anzubieten. Da Fitnessstudios aber meist nicht nur den klassischen Präventionsgedanken der Krankenkassen verfolgen, wird dies wohl nur selten möglich sein. Weitere Details dazu ersehen Sie im →*Kapitel „Gesund-*

heitsförderung". Da sich auch hier die Rahmenbedingungen der Nachweisführung ab 01.01.2019 verändert haben, dürfte das Fitnessstudio hier nur noch sehr begrenzt Anwendung finden.

6.1.7   Betriebsveranstaltungen

Betriebsveranstaltungen sind im steuerlichen Sinn durch verschiedene Anforderungen charakterisiert: Sie finden auf betrieblicher Ebene statt, haben gesellschaftlichen (also keinen beruflichen) Charakter und die Teilnahme **muss** allen Betriebsangehörigen ermöglicht werden. Ohne Bedeutung ist allerdings, ob Arbeitgeber und/oder Betriebs-/Personalrat einladen und ob die Veranstaltung auf einzelne Abteilungen begrenzt ist, da oftmals Unternehmen ja auch je Abteilung eine Weihnachtsfeier veranstalten. Hier ist dann von Bedeutung, dass alle Mitarbeiter einer Abteilung zu der Betriebsveranstaltung geladen werden.

Betriebsausflüge, Jubilarfeiern und Weihnachtsfeiern sind dabei in den LStR ausdrücklich als Betriebsveranstaltungen benannt (R 19.5 LStR i. V. m. H 19.5 LStH).

Entscheidend für die steuerliche Beurteilung von Betriebsveranstaltungen ist neben der bereits erwähnten Ausgestaltung die Häufigkeit der Durchführung je Jahr. Bis zu jeweils zwei Betriebsfeste, Rentner- und Jubilarfeiern jährlich sind bis zu einem Betrag von 110 Euro je Mitarbeiter steuerfrei durchführbar und verbleiben auch sozialversicherungsfrei. Dabei ist eine mehrmalige Teilnahme in Erfüllung beruflicher Aufgaben – z. B. für Personalleiter oder den Betriebsrat – unschädlich.

Sollten mehr als zwei Veranstaltungen jährlich stattfinden, kann der Arbeitgeber entscheiden, für welche er die Freibeträge nutzt und für welche er eine Versteuerung ansetzt. Dabei ist auch die Möglichkeit der individuellen Versteuerung je Arbeitnehmer denkbar, aber die Nutzung der Pauschalsteuer mit 25 % und folglich Sozialversicherungsfreiheit ist sicherlich die meist präferierte Variante.

Basis für die Versteuerung bzw. die Ermittlung der Kosten einer Betriebsveranstaltung sind alle damit verbundenen Auslagen. Insbesondere einzubeziehen sind dabei

- Speisen und Getränke,

- Übernachtungs- und Fahrtkosten,

- Eintrittskarten, wenn Besuch nicht einziger Programmpunkt der Betriebsveranstaltung ist,

- Aufwendungen für Künstler/Bands,

- Überreichung von Geschenken (z. B. Nikolaustüte bei Weihnachtsfeiern).

Achtung: Saalmieten oder Eventagenturen waren übergangsweise nicht mit einzubeziehen, so die BFH-Rechtsprechung im Jahr 2013. Seit 2015 sind diese Positionen wieder mit zu berücksichtigen.

Die Aufwendungen des Arbeitsgebers durften bis 31.12.2014 110 Euro inkl. Umsatzsteuer pro teilnehmenden Mitarbeiter nicht überschreiten. Bei der 110 Euro-Grenze handelte es sich also um eine Freigrenze, nicht um einen Freibetrag.

Zum 01.01.2015 wandelte sich die Frei**grenze** von 110 Euro nun in einen Frei**betrag** von 110 Euro. In diesen sind alle Positionen inkl. Fahrtkosten, Eventagenturen, Saalmieten brutto einzuberechnen.

Lediglich bei den Fahrtkosten ist eine genauere Betrachtung sinnvoll. Fahrtkosten, die in direktem Zusammenhang mit der Veranstaltung stehen, also z. B. ein Bus benötigt wird, der alle Mitarbeiter zu einem Veranstaltungsort transportiert, sind in die

Ermittlung der Gesamtkosten einzubeziehen. Reisekosten von Mitarbeitern von anderen Standorten, die erst zum Veranstaltungsort anreisen und dies individuell tun, sind als „normale" Reisekosten steuer- und sozialversicherungsfrei zu erstatten.

Dem teilnehmenden Arbeitnehmer werden auch die Kosten für die teilnehmenden Begleitpersonen zugerechnet.

Als Lösungsalternativen bei der Versteuerung der Beträge, die 110 Euro bei zwei Veranstaltungen überschreiten, ergeben sich folgende Ansätze:

1. Nutzung der Pauschalversteuerung mit 25 %.

2. Ansatz des Gesamtbetrages im Rahmen einer Nettolohnhochrechnung.

3. Durchführung eines Nettolohnabzuges entsprechend dem übersteigenden Betrag.

Insbesondere der letztgenannte Weg kann sinnvoll sein, wenn die 110 Euro-Grenze nur sehr knapp überschritten wird.

Beispiel: Eine Betriebsveranstaltung kostet pro Person 113,05 Euro. Damit ist die 110 Euro-Grenze überschritten, sodass der übersteigende Betrag in der Regel mit 25 % pauschaliert werden würde. Denkbar wäre auch, diesen Betrag von 3,05 Euro von den Mitarbeitern einzubehalten.

Es wirkt aber doch etwas unschön, die Kollegen zu einem Vergnügen einzuladen und ihnen dafür dann im Anschluss Kosten abzuziehen.

Praxistipp

Lohnsteuer und Umsatzsteuer fallen hier auseinander. Sind die 110 Euro in der Lohnsteuer frei, sind sie in der Umsatzsteuer trotzdem zu berücksichtigen.

Zu den sozialversicherungsrechtlichen Besonderheiten der Betriebsveranstaltungen haben wir bereits Stellung genommen. Noch einmal als Reminder. Die Pauschalierung der Lohnsteuer muss bis zum 28./29. Februar des Folgejahres erfolgen, andernfalls entsteht für die Beträge Sozialversicherungspflicht.

6.1.8 Computer

Arbeitgeber können ihren Mitarbeitern leihweise für die Arbeit zu Hause einen Computer überlassen. Da für die Steuerfreiheit nicht entscheidend ist, in welchem Umfang die private Nutzung erfolgt, ist auch eine 100 %-ige Privatnutzung steuerfrei denkbar.

Für Führungskräfte oder teils auch kaufmännische Angestellte mag die Zurverfügungstellung von EDV-Equipment mittlerweile gängige Praxis sein. Ein Angebot in dieser Form an alle Lageristen, Verkäufern auf der Fläche oder Produktionsmitarbeitern erscheint aber doch eher nicht der betrieblichen Praxis zu entsprechen. Selbstverständlich kann dies kostenlos geschehen. Oftmals bedient man sich eher sogenannter „Mitarbeiter-PC-Programme".

Was ist ein „Mitarbeiter-PC-Programm"? In einem solchen least der Arbeitgeber Personalcomputer (PC) als betriebliche Geräte, und stellt diese für den privaten Gebrauch seinen Mitarbeitern zur Verfügung. Im Gegenzug verzichten die Mitarbeiter auf einen

Teil des Bruttogehalts in der Höhe der jeweiligen Leasing-Rate. Auf diese Weise gestaltet sich das Mitarbeiter-PC-Programm kostenneutral für den Arbeitgeber.

Der Verzicht auf einen Teil des Bruttogehalts führt aufgrund der Option einer Entgeltumwandlung zu einem geringeren zu versteuernden Bruttogehalt. Der Mitarbeiter bezahlt also die Leasingrate aus seinem Bruttogehalt und bekommt diese nicht beim Netto abgezogen. Der Mitarbeiter spart sich also für den Anteil der Umwandlung Lohnsteuer, Solidaritätsbeitrag und eventuell auch Kirchensteuer. Der individuelle Steuervorteil hängt von der Höhe des jeweiligen Grenzsteuersatzes des Mitarbeiters ab und kann bei bis zu 45 % liegen.

In der Praxis könnte dies wie folgt aussehen: Ein Mitarbeiter hat bis dato einen Monatslohn von 2.000 Euro brutto und wandelt für die Anschaffung seines neuen Mini-PCs mit zusätzlichem Flatscreen 100 Euro brutto monatlich um. Dann reduziert sich das zu versteuernde und zu verbeitragende Brutto auf 1.900 Euro.

In diesem Zusammenhang regelt die Vorschrift des § 3 Nr. 45 EStG, dass die private Nutzung von betrieblichen Personalcomputern und Telekommunikationsgeräten steuerfrei ist. Diese Steuerbefreiung gilt nicht nur für die private Nutzung der Geräte im Unternehmen, sondern auch bei ausschließlich häuslicher Privatnutzung durch den Arbeitnehmer. Sie umfasst auch die Nutzung von Zubehör und Software und betrifft die Nutzungsüberlassung durch den Arbeitgeber selbst oder durch einen Dritten aufgrund des Dienstverhältnisses.

Es war bis dato nicht Voraussetzung, dass die Überlassung zusätzlich zum ohnehin geschuldeten Arbeitslohn erfolgt, wie bei anderen Ansätzen. Fraglich ist, wie sich das neue BMF-Schreiben vom 05.02.2020 auf diese Thematik auswirkt. Die Anforderung der Zusätzlichkeit wären bei dieser Form der Umwandlung nicht gegeben.

Der Mitarbeiter partizipiert also an den günstigen Preisen durch die entsprechenden Einkaufskonditionen des Unternehmens, spart wie erwähnt Steuern, nutzt eine Art Ratenzahlung zum Erwerb der Gegenstände und wird im Gegenzug damit an das jeweilige Unternehmen gebunden.

Praxistipp

Regeln Sie unbedingt, wie mit dem Equipment zu verfahren ist, wenn ein Mitarbeiter das Unternehmen verlässt bzw. die Gegenstände nach Ablauf der Leasinglaufzeit übereignet werden. Die Übereignung von Gegenständen an Mitarbeiter führt dann entsprechend zu einem geldwerten Vorteil.

Meist beläuft sich die Leasingdauer auf 24 Monate und an deren Ende erwirbt ein Arbeitnehmer die Produkte von der Leasinggesellschaft zurück. Hier ist dann noch einmal zu prüfen, ob eine Versteuerung in Abhängigkeit vom zu zahlenden Kaufpreis nötig ist, da hier ein geldwerter Vorteil entstehen kann, wenn der Mitarbeiter das Produkt unter Marktwert kaufen dürfte.

6.1.9 Darlehen

Unter einem Arbeitgeberdarlehen versteht man die Überlassung von Geld durch den Arbeitgeber an einen Mitarbeiter. Wichtig dafür ist die klare Ausgestaltung eines Darlehensvertrags, der die Rahmenbedingungen des Darlehens regelt, insbesondere die Verzinsung und die Rückzahlung.

Grundsätzlich sind Darlehen bis zu einem Betrag von 2.600 Euro steuer- und sozialversicherungsfrei denkbar. Arbeitgeber sollen hier in die Lage versetzt werden, ihren Mitarbeitern eine kleine Unterstützung bei finanziellen Engpässen leisten zu können. Größere Darlehen müssen genauer betrachtet werden, da die jeweiligen Konditionen über die Steuerfreiheit entscheiden.

Ermöglicht ein Arbeitgeber einem Mitarbeiter ein Darlehen zu den am Geldmarkt üblichen Konditionen, so wird dies im Regelfall steuerfrei bleiben. Der Mitarbeiter generiert daraus aber auch eine Art von Vorteil, wenn er bei einer Bank aufgrund mangelnder Sicherheiten evtl. gar keinen Kredit gewährt bekommen hätte. Sicherlich werden Arbeitgeber sich zwar unter solchen Konditionen gut überlegen, ob sie eine Darlehensgewährung überhaupt anbieten oder einem solchen Antrag zustimmen, es aber vielleicht als Entgegenkommen für den Arbeitnehmer tun.

Bei der Gewährung eines zinslosen oder zinsverbilligten Arbeitgeberdarlehens entsteht ein geldwerter Vorteil. Für dessen Bewertung ist zwischen zwei Wegen zu unterscheiden:

- § 8 Abs. 2 EStG regelt den Fall, dass ein „normaler" Arbeitnehmer ein zinsverbilligtes Arbeitgeberdarlehen erhält, während

- § 8 Abs. 3 EStG anwendbar ist, wenn ein Bankangestellter ein zinsverbilligtes Arbeitgeberdarlehen erhält.

Um den Vorteil des Mitarbeiters zu ermitteln, muss zunächst der marktübliche Zins ermittelt werden. Grundlage bildet hier aus Vereinfachungsgründen der bei Vertragsabschluss zuletzt veröffentlichte Effektivzinssatz der Deutschen Bundesbank. Von diesem wird der vom Arbeitnehmer gezahlte Zinssatz in Abzug gebracht. Es verbleibt der Zinssatz zur Berechnung des geldwerten Vorteils des Darlehens. Maßgeblich sind dabei die Effektivzinssätze des Neukundengeschäfts der Deutschen Bundesbank. Die Zahlungsweise der Zinsen (z. B. ob monatlich oder jährlich) ist für die Ermittlung des geldwerten Vorteils unerheblich. Grundsätzlich ist nur nach Art des Kredits (z. B. Wohnungsbaukredit, Konsumentenkredit) zu unterscheiden und es darf auch hier ein Abschlag von 4 % vorgenommen werden.

Alternativ denkbar wäre die Suche nach dem günstigsten Kreditzins im Internet, der dann die Grundlage der Versteuerung bildet.

Vorsicht: Ein Abschlag mit 4 % ist hier dann nicht mehr gestattet.

Beispiel 1: Frau Frohsinn erhält für den Erwerb von Möbeln für ihre Wohnung einen Kredit von 5.000 Euro zu einem Zinssatz von 2 % von ihrem Arbeitgeber. Sie schließt diesbezüglich einen ordnungsgemäßen Darlehensvertrag, in dem die Verzinsung und die Rückzahlung in monatlichen Raten von 100 Euro geregelt sind.

Der ermittelte Zinssatz der Deutschen Bundesbank beträgt 4,98 %. Der Abschlag von 4 % wird dann wie folgt berechnet: 4,98 % x 0,96 = 4,78 % (kfm. gerundet). **Falsch** wäre der folgende Ansatz: 4,98 % - 4 % = 0,98 %, der sich aber leider immer wieder in verschiedenen Lohnunterlagen findet.

Die Berechnung des geldwerten Vorteils für Frau Frohsinn lautet dann wie folgt:

4,78 % (marktüblicher Zins reduziert um den ortsüblichen Abschlag) abzgl. 2 % (berechneter Zins vom Arbeitgeber) = 2,78 %.

2,78 % von 5.000 Euro : 12 Monate = 11,58 Euro, die als monatlicher geldwerter Vorteil zu versteuern wären.

Da aber auch bei der Gewährung von Darlehen die 44 Euro-Freigrenze anwendbar ist, wenn sie nicht bereits für andere Sachbezüge „verbraucht" ist, und 11,58 Euro < 44 Euro sind, könnte das Darlehen steuerfrei gewährt werden.

Auf die 44 Euro–Freigrenze gehen wir noch näher ein. Ebenfalls kann die Anwendung des 1.080 Euro-Freibetrages in bestimmten Branchen, z. B. dem Bankgewerbe, in Betracht kommen.

Beispiel 2: Herr Ehrlich erhält von seinem Arbeitgeber zum Kauf einer neuen Wohnzimmereinrichtung ein zinsfreies Darlehen in Höhe von 10.000 Euro, rückzahlbar in monatlichen Raten zu 200 Euro. Andere geldwerte Vorteile erhält der Arbeitnehmer nicht.

Die Parteien lesen aus der Bundesbanktabelle für den letzten veröffentlichten Monat einen Zinssatz von 6,03 % ab:

6,03 % x 0,96 = 5,79 % (kfm. gerundet)

10.000 Euro x 5,79 % : 12 Monate = 48,25 Euro

Für den ersten Monat der Darlehensgewährung wäre ein geldwerter Vorteil in Höhe von 48,25 Euro zu erfassen. Im nächsten Monat betrüge der geldwerte Vorteil nur noch 47,29 Euro ((10.000 Euro − 200 Euro) x 5,79 % : 12 Monate). Ab dem Monat, in dem die 44 Euro-Freigrenze unterschritten wird, wäre auch hier kein geldwerter Vorteil mehr zu versteuern - vorausgesetzt, die Summe aller dem Mitarbeiter gewährten Sachbezüge bliebe unterhalb der 44 Euro-Freigrenze.

Praxistipp

Verzichtet der Arbeitgeber ganz oder teilweise auf die Rückzahlung eines Darlehens, fließt dem Arbeitnehmer im selben Zeitpunkt Arbeitslohn in Höhe des Verzichtbetrages zu, der dann ebenfalls wieder versteuert und verbeitragt werden muss. Eine sorgfältige Handhabung der Details ist hier also sehr wichtig.

6.1.10 Dienstleistungen und Waren

6.1.10.1 Sachbezugsfreigrenze von 44 Euro

Prinzipiell kann ein Unternehmen seinem Mitarbeiter Waren oder Dienstleistungen, also Sachbezüge, bis zu einem Wert von 44 Euro **monatlich** steuer- und sozialversicherungsfrei zur Verfügung stellen. Bei der Bewertung der Waren und Dienstleistungen spricht man in der Fachliteratur häufig vom „üblichen Endpreis am Abgabeort" und umfasst dabei zum Zeitpunkt der Abgabe der Ware oder der Dienstleistung alle Preisbestandteile einschließlich der Umsatzsteuer, die für den Erwerb des Sachbezugs nötig waren. Wurden Sachbezüge von anderen Unternehmen kostenfrei überlassen, so sind auch diese mit dem ortsüblichen Preis zu bewerten.

Der ortsübliche Preis ist allerdings im Zeitalter des Internets nicht mehr ganz einfach darstellbar. Daher gilt folgende Regelung: Wird ein Sachbezug in einem Ladengeschäft direkt vor Ort erworben, so darf hier die Bewertung um einen ortsüblichen Preisnachlass reduziert werden. Da in der Praxis oftmals Preisnachlässe gewährt werden, dürfen diese standardisiert pauschal mit 4 % bewertet werden. Wird ein Sachbezug allerdings zum jeweils günstigsten Preis im Internet erworben, so ist dieser ohne einen weiteren Abzug anzusetzen, da davon auszugehen ist, dass sich ortübliche Abschläge durch den Vergleich im Netz bereits verloren haben.

Die so ermittelten Sachbezüge bleiben steuer- und sozialversicherungsfrei, wenn sie einen Betrag von monatlich 44 Euro pro Mitarbeiter nicht überschreiten.

Beispiel 1: Sie überlassen als Arbeitgeber Ihren Mitarbeitern ein kostenfreies Kino-Abo. Der Preis für ein solches Abo beläuft sich laut Preisliste des Schauspielhauses auf monatlich 45 Euro.

Der gewährte Sachbezug berechnet sich hier wie folgt:

45 Euro abzgl. des gewöhnlichen Preisabschlages von 4 %
= 43,20 Euro.

Die Freigrenze von 44 Euro monatlich wird nicht überschritten, sodass kein geldwerter Vorteil entsteht und somit das Kino-Abo steuerfrei gewährt werden kann.

Beispiel 2: Wir setzen dabei auf Beispiel 1 auf, jedoch beläuft sich der Preis für das Kino-Abo diesmal auf monatlich 46 Euro.

Der Sachbezug ermittelt sich wie folgt: 46 Euro abzüglich 4 % gewöhnlicher Preisabschlag = 44,16 Euro.

Damit wird die Freigrenze von 44 Euro monatlich überschritten. Der gesamte Betrag von 44,16 Euro ist damit zu versteuern.

Häufig wird angedacht, nur den die Freigrenze übersteigenden Betrag von 0,16 Euro der Versteuerung zu unterwerfen. Dies wäre aber definitiv falsch, da es sich bei der 44 Euro-Regelung um eine Frei**grenze** und **nicht** um einen Frei**betrag** handelt.

Praxistipp

Bei der Freigrenze handelt es sich um einen Monatsbetrag. Eine Umrechnung in einen Jahresbetrag ist **nicht** zulässig. Nicht ausgeschöpfte Beträge können **nicht** auf andere Monate „übertragen" werden.

Beispiel 3: Wir setzen erneut auf Beispiel 2 auf, jedoch werden in den Monaten Juli und August wegen der Sommerspielpause keine Zahlungen fällig.

In den Monaten Juli und August kann zwar mit der Versteuerung des geldwerten Vorteils ausgesetzt werden, jedoch bleibt es in den übrigen Monaten bei der Versteuerung der 44,16 Euro.

Der Rechenweg 44,16 Euro x 10 : 12 = 36,80 Euro und damit die Unterschreitung der 44 Euro-Freigrenze ist **nicht** zulässig.

Praxistipp

Vom Arbeitnehmer geleistete Zuzahlungen mindern den geldwerten Vorteil bzw. den Wert des Sachbezugs.

Beispiel 4: Wir setzen erneut auf Beispiel 2 auf. Der Arbeitgeber behält aber bei den beteiligten Arbeitnehmern mit jeder Gehaltsabrechnung 0,16 Euro Eigenanteil an dem Kino-Abo von den Nettobezügen ein.

Der Wert des Sachbezuges ermittelt sich damit wie folgt:

46 Euro abzgl. 4 % gewöhnlicher Preisabschlag =	44,16 Euro
abzgl. Eigenbeteiligung	0,16 Euro
	44,00 Euro

Die Freigrenze von monatlich 44 Euro wird nicht überschritten und das Kino-Abo bleibt damit steuer- und sozialversicherungsfrei.

Allerdings müssen bei der Prüfung der Einhaltung der 44 Euro-Freigrenze alle gewährten Bestandteile in Summe zusammengefasst werden. Mehrere nach dieser Methode zu bewertende Sachbezüge sind also zu addieren. Um alle Bestandteile zu erkennen, ist es wichtig, eine stetige Abstimmung mit der Finanzbuchhaltung vorzunehmen, die neben den Kassenbuchungen meist auch alle sonstigen Rechnungen sowie eventuell über die Reisekosten eingehenden Belege sieht. Allzu leicht kann sonst ein Sachverhalt übersehen werden.

Beispiel 5: Wie Beispiel 1, jedoch überlässt das Unternehmen allen Mitarbeitern monatlich ebenfalls über die Personalabteilung ein Nahverkehrsticket im Wert von 40 Euro.

nur Nahverkehrsticket:

zu versteuernder Anteil: 0,00 Euro

nur Kino-Abo:

zu versteuernder Anteil: 0,00 Euro

Nahverkehrsticket und Kino-Abo:

zu versteuernder Anteil: 81,60 Euro

(45 Euro abzgl. 4 % Abschlag + 40 Euro abzgl. 4 % Abschlag) = 43,20 Euro + 38,40 Euro.

Praxistipp

Nicht in die 44 Euro-Freigrenze einbezogen werden Sachbezüge, die

- pauschalversteuert werden,

- mit Sachbezugswerten bewertet werden,

- mit besonderen Bewertungsvorschriften bewertet werden,

- unter den Rabattfreibetrag (1.080 Euro p. a.) fallen.

Wenn Sie also prüfen, ob das Nahverkehrsticket den Anforderungen eines Fahrtkostenzuschusses entspricht, können Sie dieses eventuell mit 15 % pauschal versteuern oder aber im Rahmen des Job-Tickets sogar steuerfrei überlassen und das Kino-Abonnement im Rahmen der 44 Euro-Freigrenze gewähren.

Grundlegend ist die Bewertung eines Sachbezuges immer anhand der ortsüblichen Preise und damit z. B. durch Anfragen bei Händlern vor Ort zu ermitteln. Wie bereits dargestellt, geht die Tendenz heute eher dazu, die jeweils günstigsten Preise im Internet zu ermitteln: Dabei entfällt der Anspruch auf den 4 %-igen Abschlag eines ortsüblichen Nachlasses.

Beispiel 6: Ein Arbeitgeber verschenkt an alle neuen Azubis bei Ausbildungsbeginn ein Smartphone.

Folgende Informationen liegen für die Bewertung des Sachbezuges vor:

Preis im örtlichen Elektromarkt	499 Euro
Einkaufspreis bei Ihnen laut Rechnung abzgl. Großkundenrabatt	468 Euro
günstigster auffindbarer Preis im Internet	458 Euro
zzgl. Versandkosten	+ 6,99 Euro

Sie hätten nun zwei Ansätze für die Bewertung dieses Smartphones:

Bewertung 1:

499 Euro abzgl. 4 % Abschlag = 479,04 Euro

Bewertung 2:

458 Euro zzgl. 6,99 Euro Versand = 464,99 Euro

Praxistipp

Arbeitgeber sollten das Smartphone ihren Auszubildenden überlassen und es ihnen nicht übereignen. Dann ist der Sachverhalt steuerfrei abbildbar.

Oftmals erreichen uns Fragen nach einer sogenannten „Positiv-Liste" der 44-Euro-Regelung, also die Frage, ob man die 44-Euro-Freigrenze auf andere Sachverhalte in Kombination mit einsetzen darf. Generell gilt, dass diese grundsätzlich als eigenes Gesetz neben den anderen Steuerbefreiungsvorschriften besteht. Wie in Beispiel 5 aufgezeigt, kann man die 44-Euro-Freigrenze für verschiedene Sachverhalte anwenden, wenn diese einen Sachbezug unterhalb eines Wertes von 44 Euro umfassen. Wenn es für diese Sachverhalte aber eigene Steuerbefreiungsvorschriften gibt, ist es natürlich sinnvoll, zunächst auf diese aufzusetzen und die 44-Euro-Freigrenze für andere Situationen „aufzusparen". Ein Kindergartenzuschuss z. B. ist steuerfrei unter bestimmten Bedingungen, der „Verbrauch" der 44-Euro-Freigrenze für einen solchen scheint nicht sinnhaft.

Schwieriger wird es bei der Kombination von Gesetzesgrundlagen. Hier ist es in der Regel nicht denkbar, allgemeingültige Aussagen ohne genau Kenntnis eines Sachverhaltes zu machen, daher verzichten wir auf eine sogenannte Positiv-Liste auch weiterhin. Wenn Dinge eindeutig geregelt sind, dann finden Sie dazu Erläuterungen im jeweiligen Kapitel wie z. B. bei den Firmenfahrrädern.

6.1.10.2 Warengutscheine

Warengutscheine, die bei einem Dritten einzulösen sind, stellen nur dann einen Sachbezug dar, wenn der Warengutschein zum Bezug einer bestimmten Ware/Dienstleistung berechtigt. Der Gutschein kann dabei in Euro ausgestellt sein. Der Wert des Warengutscheins bleibt steuer- und beitragsfrei, wenn der Mitarbeiter generell die 44 Euro-Freigrenze noch nicht mit anderen Sachbezügen ausschöpft.

Wichtig: Die Möglichkeit der Ausstellung von Gutscheinen auf eigenem Papier mit Firmenlogo, die den Mitarbeiter berechtigen, sich dafür etwas im Wert von 44 Euro zu kaufen oder auch im Wert von 44 Euro zu tanken, dann den Beleg im Unternehmen vorzulegen und diesen abzurechnen, ist nicht mehr gegeben. Die 44 Euro-Regelung darf nur für Sachbezüge in Anwendung gebracht werden. Eine Zweckbindung eines Geldbetrages oder dergleichen reicht definitiv nicht aus.

In der Praxis besonders verbreitet haben sich zwei Ansätze für die Gutscheingewährung:

- Erwerb von Benzingutscheinen – einzulösen bei einer Tankstelle – und deren monatliche Aushändigung an den Arbeitnehmer, der damit direkt an der Tankstelle tanken kann und damit dann auch bezahlt.

- Gewährung von sogenannten MitarbeiterCards – die bei einem Partnerunternehmen gekauft werden – z. B. Sodexo, Bonago, Edenred etc. Diese MitarbeiterCards werden monatlich vom Arbeitgeber mit einem bestimmten Betrag geladen und können nach Belieben eingesetzt werden. Die Partner der Kartenanbieter bieten Optionen zum Einkauf im stationären Handel wie auch im Internet bei Zalando oder anderen Anbietern, die in beiden Welten aktiv sind: Hornbach, Douglas etc.

Vorteil der MitarbeiterCards oder Gutscheine ist, dass das Geld bereits beim Arbeitgeber geflossen ist und beim Arbeitnehmer daher auch erst zu einem späteren Zeitpunkt eingelöst werden kann.

Veränderungshistorie der MitarbeiterCards

Entfacht wurde die Diskussion aufgrund von zwei Urteilen des Bundesfinanzhofs (BFH, Urteile v. 07.06.2018, VI R 13/16 und 04.07.2018, VI R 16/17), in denen die weitere Differenzierung von Sachbezügen und Geldleistungen zum Streitthema wurde. In beiden Verhandlungen ging es um die richtige Behandlung von Zusatzkrankenversicherungen. Nach Auffassung des BFH gilt ein Versicherungsschutz, der direkt durch den Arbeitgeber gewährt wird, als Sachlohn (VI R 13/16). Erhält der Arbeitnehmer allerdings vom Arbeitgeber einen Zuschuss unter der Voraussetzung, das Geld für eine private Zusatzkrankenversicherung zu verwenden, so handelt es sich hierbei um eine Geldleistung (VI R 16/17).

Wichtig für die MitarbeiterCard scheint das zweite Urteil zu sein: Der BFH verwarf in dem konkreten Fall die Anrechenbarkeit als Sachleistung, da ein Arbeitgeber einen Zuschuss für die private Zusatzkrankenversicherung der Mitarbeiter zahlte, der beklagte Arbeitgeber Geld aber zu einer im eigenen Namen der Mitarbeiter abgeschlossenen Versicherung bezuschusste. Er knüpfte die Gewährung der Zuschüsse zwar an die Bedingung, eine bestimmte Zusatzkrankenversicherung abzuschließen. Der Arbeitgeber wendete dazu monatlich maximal 44 Euro zu, im Glauben, dass er damit die 44 Euro-Freigrenze des § 8 Abs. 2 Satz 11 EStG - also steuerfreien Sachlohn - nutzen würde. Der BFH stellte aber fest, dass der Arbeitgeber mit dieser Maßnahme – in diesem konkreten Einzelfall – den Arbeitnehmern Geld und keine Sache zugesagt hatte. Der Arbeitgeber versprach eben nicht die (Sachleistung) Versicherung als solches, sondern zahlte einen Zuschuss zu den von den Arbeitnehmern geschuldeten Versicherungsprämien und erbrachte damit keine Sachleistung. Soweit der BFH.

In der mündlichen Verhandlung trug die Beklagte vor, dass sie ja den Zuschuss als Geldkarte als Sachlohn hätte erbringen können – dies verwarf der BFH für diesen Fall mit der Randziffer 31: In dem beurteilten Sachverhalt - und in der beschriebenen Fallkonstellation wäre eben Geld und kein Sachlohn geleistet worden – selbst in dem Fall, dass der Zuschuss über eine Geldkarte oder ein anderes Geldsurrogat erbracht worden wäre (soweit Rz. 31) – das war im konkreten Fall aber ohnehin nicht geschehen. In der Randziffer 16 verweist der Senat dagegen nochmals explizit auf seine bestehende Rechtsprechung zur Abgrenzung von Barlohn und Sachlohn, an deren Gültigkeit sich nichts geändert hat.

In den Entscheidungsgründen aus dem BFH-Sachleistungsurteil wies der BFH ja auch explizit auf folgendes hin: „Ein Sachbezug, nämlich eine nicht in Geld bestehende Einnahme i. R. d. § 8 Abs. 2 Satz 1 EStG, liegt daher auch dann vor, wenn der Arbeitgeber dem Arbeitnehmer ein Recht, nämlich einen Anspruch, eine Sach- oder Dienstleistung beziehen zu können, einräumt. Denn Sachbezüge sind alle Einnahmen, die nicht in Geld bestehen; zu den nicht in Geld bestehenden Vorteilen zählen deshalb auch Rechte. Deshalb steht der Qualifikation als Sachbezug nicht entgegen, dass Arbeitnehmer (wie im Falle der 44-Euro-Guthabenkarten) keine konkreten Sachen oder konkreten Dienstleistungen erhalten.

Dieser Disput gipfelte zunächst in einem Gesetzgebungsverfahren: Am 31.07. sollte über das Jahressteuergesetz die Abgrenzung aufgenommen werden. Am 31.07. ging das Jahressteuergesetz – **ohne die vorgesehenen Änderungen bei der 44-Euro-Freigrenze** – dann auf den Gesetzgebungsweg. Die vorgesehene Regelung zum Ausschluss von Geldsurrogaten, insbesondere Geldkarten aus dem Sachleistungsbegriff (§ 8 EStG) wurde zurückgestellt und wurde aus dem Regierungsentwurf gestrichen. Am 07.11.2019 beschloss der Deutsche Bundestag dann aber mit dem „Gesetz zur weiteren steuerlichen Förderung der Elektromobilität und zur Änderung weiterer steuerlicher Vorschriften" mit Wirkung zum 01.01.2020 Anpassungen im Zusammenhang mit der Sachbezugsfreigrenze.

Durch die neue Rechtsprechung sollen Unsicherheiten bezüglich der Abgrenzung von Geldleistungen und Sachbezügen beseitigt werden. Damit wird festgehalten, dass zweckgebundene Geldleistungen, nachträgliche Kostenerstattungen, Geldsurrogate und andere Vorteile, die auf einen Geldbetrag lauten, grundsätzlich als Geldleistung gewertet werden. Die Übergabe solch einer Geldleistung an einen Arbeitnehmer ist also dann als steuerpflichtig zu behandeln.

Beispiel 1: Der Arbeitgeber übergibt Herrn Ehrlich einen selbst gebastelten Gutschein des Unternehmens für den Erwerb eines Spielwarenartikels im Wert von 40 Euro. Der Mitarbeiter legt den Beleg des Kaufhauses vor, um den Gutscheinbetrag vom Arbeitgeber ausgezahlt zu bekommen.

Nach neuer Rechtsprechung ist diese Handhabung nicht mehr umsetzbar, da es sich seit dem 01.01.2020 hierbei um eine nachträgliche Kostenerstattung handelt und die 40 Euro somit steuerpflichtig sind.

Beispiel 2: Frau Frohsinn erhält von ihrem Arbeitgeber eine zweckgebundene Zahlung für die Mitgliedschaft in einem Fitnessstudio. Der Fitnesszuschuss beträgt dabei monatlich 40 Euro.

Auch dieser Fall ist seit dem 01.01.2020 als Geldleistung zu werten und somit steuerpflichtig anzusetzen.

Beispiel 3: Herr Klug erhält von seinem Arbeitgeber monatlich eine Geldkarte in Höhe von 44 Euro. Besonders an dieser Karte ist, dass sie über eine Barauszahlungsfunktion verfügt.

Auch diese Form der Geldkarte wird nicht mehr als Sachlohn zugelassen. Geldkarten, die über eine Barauszahlungsfunktion oder sogar über eine eigene IBAN verfügen, die beispielsweise für Überweisungen verwendet werden können oder als generelles Zahlungsmittel hinterlegt werden können, müssen nach neuer Festlegung als Geldleistung behandelt werden.

Bei der Auswahl des Kartenpartners sollte daher geprüft werden, welche Ziele im Detail verfolgt werden. Es gibt bei den Kartenanbietern Unterschiede

- im Umfang der Akzeptanzstellen der Karten,

- in der optischen Gestaltung der Karten (namentlich für den Mitarbeiter erstellt, firmenindividuell gelabelt mit Logo, …),

- in der Unterstützung beim werblichen Einsatz der Karten zur Mitarbeiterbindung, z. B. in der Gestaltung der Website,

- in der Preisgestaltung für die Nutzung der Karten,

- im Umfang der Einsatzmöglichkeiten der Karte, z. B. als Minikreditkarte, für den Einsatz der 44 Euro-Sachbezüge und zudem als Restaurantgutschein,

- in den Einlöseoptionen (nutzbar als Zahlungsmittel, …).

Es ist also sehr wichtig, sich hier einen genauen Überblick zu verschaffen, da z. B. die Einlöseoption der Karte in Form eines direkten Zahlungsmittels die steuerfreie Option des Sachbezugs komplett ausschließen kann.

Hinweis

Nach einem Erlass der OFD Rheinland vom 17.05.2011 darf
bei Sachgutscheinen, nachträglichen Kostenerstattungen
oder zweckgebundenen Geldzuwendungen der Bewertungsabschlag von 4 % nicht angewendet werden. Dieser
Erlass findet nach wie vor für alle Bundesländer Anwendung.

Praxistipp

Ebenfalls große Bedeutung gewann die Entscheidung der
Finanzämter bzgl. der Handhabung des Portos bei der
Versendung von MitarbeiterCards. Kurz gesagt: Werden
die Karten direkt an den Mitarbeiter übersandt, entsteht
ein geldwerter Vorteil. Werden diese an das Unternehmen
übermittelt, entsteht dieser nicht.

Doch wie lautet nun die Voraussetzung für die Sachbezugsei-
genschaft von Gutscheinen und Geldkarten? Ab dem 01.01.2020
gelten nur Geldkarten und Gutscheine als Sachbezug, wenn

- diese einen Mitarbeiter ausschließlich zum Bezug von Wa-
ren/Dienstleistungen befähigen **und**

- die Kriterien nach § 2 Abs. 1 Nr. 10 a), b) oder c) des Zah-
lungsdiensteaufsichtsgesetzes (ZAG) erfüllt sind.

Demnach sind die drei folgenden Kategorien zu beachten:

- Begrenzte Netze (§ 2 Abs. 1 Nr. 10a ZAG): Darunter zählen
Gutscheinkarten von Einkaufsläden, Einzelhandelsketten
oder regionale City-Cards.

- Begrenztes Waren- und Dienstleistungssortiment (§ 2 Abs. 1 Nr. 10b ZAG): Hierzu gehören beispielsweise Tankkarten, Kinokarten oder Gutscheinkarten für einen Buchhandel.

- Der Einsatz des Gutscheins bzw. der Geldkarte ist auf das Inland beschränkt und erfüllt bestimmte soziale und steuerliche Zwecke.

Neu hinzugekommen ist weiterhin die Anforderung, dass Gutscheine und Geldkarten laut § 8 Abs. 2 Satz 11 EStG **zusätzlich** zum ohnehin geleisteten Arbeitslohn gezahlt werden müssen. Dies schien kurzfristig durch das BFH-Urteil vom November 2019 zur Zusätzlichkeit überlagert, welches weiter Entgeltumwandlungen zur Nutzung von MitarbeiterCards zugelassen hätte. Das BMF-Schreiben vom 05.02.2020 zur Zusätzlichkeit hat dies aber hinlänglich klargestellt: eine Entgeltumwandlung im Rahmen von MitarbeiterCards darf nicht mehr vorgenommen werden.

Praxistipp

Bereits die Wahlmöglichkeit bei einer MitarbeiterCard im Rahmen einer Gehaltserhöhung versus einer Bruttoerhöhung gilt schon als Verstoß gegen die Zusätzlichkeit.

Hier wird derzeit für eine finale Auslegung des Gesetzes auf ein weiteres BMF-Schreiben gewartet, welches im Frühjahr 2020 Veröffentlichung finden sollte. Die gegenwärtige Situation lässt aber vermuten, dass die Thematik sehr an Dringlichkeit verloren hat.

Die derzeitige Zuordnung lässt sich wie folgt zusammenfassen:

- Closed-Loop-Karten: darunter versteht man Gutscheine, die zum Bezug von Waren oder Dienstleistungen beim Aussteller des Gutscheins berechtigen, z. B. aufladbare Geschenkkarten für den Einzelhandel oder einer Drogeriemarktkette => diese gelten als Sachbezug,

- Controlled-Loop-Karten: damit bezeichnet man Gutscheine, die zum Bezug von Waren oder Dienstleistungen nicht nur beim Aussteller des Gutscheins, sondern auch bei einem begrenzten Kreis von Akzeptanzstellen berechtigen, z. B. Centergutscheine oder City-Cards, die zum Einkauf im Handel und zum Essen gehen in Restaurants berechtigen => auch diese gelten als Sachbezug,

- Open-Loop-Karten: diese Systematik umfasst Karten, die als Geldsurrogate im Rahmen unabhängiger Systeme des unbaren Zahlungsverkehrs verwendet werden können. Als Geldleistung zu behandeln sind daher insbesondere bestimmte Geldkarten – einschließlich Guthabenkreditkarten – die über eine Barauszahlungsfunktion oder über eine eigene IBAN verfügen, die für Überweisungen (z. B. PayPal) oder für den Erwerb von Devisen (z. B. Pfund, US-Dollar, Franken) verwendet sowie als generelles Zahlungsinstrument hinterlegt werden können. Dies wäre eine klassische Barlohnfunktion und damit wäre hier die 44-Euro-Sachbezugsfreigrenze nicht anwendbar.

Die Diskussion ist also nach wie vor, welche Art von Gutscheinkarten die Limitierungen erfüllt und welche nicht. Zu erwarten ist aber, dass je nach Ansatz des BMF die Kartenanbieter finale Lösungen dazu in der Schublade vorhalten dürften. Wie sich ein Austausch einer Kartenlösung und die Behandlung ab 01.01.2020 dann gestaltet, bleibt abzuwarten.

Praxistipp

Karten mit Kreditkartenfunktionen sollten auf alle Fälle seit 01.01.2020 keinen Einsatz mehr finden.

6.1.11 Gesundheitsförderung

Nach § 3 Nr. 34 EStG können Arbeitgeber-Zusatzleistungen zur betrieblichen Gesundheitsförderung bis zu einer Höhe von 600,00 Euro jährlich steuer- und sozialversicherungsfrei gezahlt werden.

Prinzipiell werden zwei Ansätze bei der Gewährung von steuerfreien Gesundheitsmaßnahmen unterschieden:

- Gesundheitskurse zur Verbesserung des allgemeinen Gesundheitszustandes (sog. Primärprävention nach § 20 Abs. 1 SGB V) und

- Maßnahmen für die betriebliche Gesundheitsförderung (§ 20a SGB V).

Was hierunter fällt, steht im „Leitfaden Prävention", der bei den gesetzlichen Krankenkassen angefordert oder häufig sogar auf deren Websites heruntergeladen werden kann. In diesem Leitfaden haben die Spitzenverbände der gesetzlichen Krankenkassen Handlungsfelder und Qualitätskriterien für Gesundheitskurse und betriebliche Gesundheitsförderung aufgestellt.

Um dies genauer umfassen zu können, fallen unter die Steuerbefreiungsvorschrift des § 3 Nr. 34 EStG (Höchstbetrag 600 Euro (Stand: 2020) jährlich je Arbeitnehmer) ab dem 01.01.2019

- gesundheitsförderliche Maßnahmen in Betrieben (= betriebliche Gesundheitsförderung), die den vom Spitzenverband der Krankenkassen festgelegten Kriterien entsprechen (sog. allgemeine Maßnahmen) sowie

■ Maßnahmen zur verhaltensbezogenen Prävention, die nach den Vorschriften des SGB V zertifiziert sind. Bei dieser verhaltensbezogenen Prävention (= individuelle Maßnahme) ist die Zertifizierung der Maßnahme zwingende Voraussetzung für die Gewährung der Steuerbefreiung. Bei bereits vor dem 01.01.2019 begonnenen individuellen Maßnahmen ist eine Zertifizierung erst erforderlich, wenn die Sachleistungen nach dem 31.12.2019 gewährt werden.

Im Einzelnen sind also nach wie vor folgende Bereiche laut Sozialgesetzbuch denkbar:

■ allgemeine Reduzierung von Bewegungsmangel sowie Vorbeugung und Reduzierung spezieller gesundheitlicher Risiken durch verhaltens- und gesundheitsorientierte Bewegungsprogramme,

■ Vorbeugung und Reduzierung arbeitsbedingter Belastungen des Bewegungsapparates,

■ allgemeine Vermeidung von Mangel- und Fehlernährung sowie Vermeidung und Reduktion von Übergewicht,

■ Gesundheitsgerechte betriebliche Gemeinschaftsverpflegung (z. B. Ausrichtung der Betriebsverpflegungsangebote an Ernährungsrichtlinien und Bedürfnisse der Beschäftigten, Schulung des Küchenpersonals, Informations- und Motivierungskampagnen),

■ Stressbewältigung und Entspannung (= Vermeidung stressbedingter Gesundheitsrisiken),

■ Förderung der individuellen Kompetenzen der Stressbewältigung am Arbeitsplatz, gesundheitsgerechte Mitarbeiterführung,

■ Einschränkung des Suchtmittelkonsums (= allgemeine Förderung des Nichtrauchens, „rauchfrei" im Betrieb, gesundheitsgerechter Umgang mit Alkohol, allgemeine Reduzierung des Alkoholkonsums, Nüchternheit am Arbeitsplatz).

In der Vergangenheit mussten die Maßnahmen einzeln beim Finanzamt angefragt werden. Mit dem sog. Präventionsgesetz vom 17.07.2015 ist ein für alle Krankenkassen einheitliches Zertifizierungsverfahren für die Leistungen zur Verbesserung des allgemeinen Gesundheitszustandes und der betrieblichen Gesundheitsförderung eingeführt worden. Die meisten Übungsleiter kennen dies und viele haben sich schon zertifizieren lassen. Seit dem 01.01.2019 wurde diese Zertifizierung nun finale Vorschrift.

Steuerbefreit sind dabei nicht nur unmittelbare Leistungen des Arbeitgebers, sondern auch Zuschüsse des Arbeitgebers für extern durchgeführte Maßnahmen. Allerdings ist die Übernahme oder Bezuschussung von Mitgliedsbeiträgen an Sportvereine oder Fitnessstudios im Regelfall nicht steuerbefreit. Ausnahme: Es handelt sich nur um bestimmte Maßnahmen von Sportvereinen oder Fitnessstudios, die die Anforderungen des „Leitfadens Prävention" erfüllen. Dann kann der Arbeitgeber einen steuerfreien Zuschuss zahlen.

Zuschüsse für Fitnessstudios etc. fallen steuerlich eher unter die Sachbezugsgrenze von 44 Euro. Dabei ist allerdings Vorsicht geboten: Ende 2012 urteilte ein Gericht, dass eine jährliche Kündigungsfrist schädlich für die Anwendung der 44 Euro-Grenze ist. Die Finanzämter wendeten in den Folgejahren dieses Urteil auch auf die Firmenfitness-Programme von bestimmten Anbietern an. Zudem müssten aufgrund der neuen gesetzlichen Regelung des § 8 EStG zum Sachbezug auf Basis von 44 Euro die Rechnungen direkt an den Arbeitgeber ausgestellt werden, was in der Praxis meist nicht der Fall ist. Eine vertragliche Vereinbarung und Verknüpfung als Sachbezug ist nicht mehr zulässig bzw. entfaltet keine steuerbefreiende Wirkung mehr.

Beispiel: Zur Vermeidung stressbedingter Gesundheitsrisiken findet im örtlichen Sportverein ein Yoga-Kurs statt, der separat mit 150 Euro abgerechnet wird. Diese Kosten können in der Regel steuer- und sozialversicherungsfrei erstattet werden, da es sich hier um eine anerkannte Gesundheitsmaßnahme handelt, wenn der Trainer zertifiziert ist.

Auch hier ist der Kreativität erst einmal wenig Grenze gesetzt: So können auch Zahnpflegemaßnahmen steuerfrei unterstützt werden, wenn diese entsprechend begründet sind. Ebenfalls denkbar sind Aktionen, die sich an die gesamte Belegschaft oder größere Gruppen unter den Beschäftigten richten: Geeignete Instrumente zur Erfassung der gesundheitlichen Situation im Betrieb bieten Krankenkassen an. Insbesondere können eine Analyse des Arbeitsunfähigkeitsgeschehens erfolgen und arbeitsmedizinische Untersuchungen ausgewertet werden. Hieraus lassen sich zielgerichtete Angebote entwickeln, die sich im Idealfall positiv auf den Krankenstand auswirken.

Die Gesamtkosten solcher Maßnahmen müssen teilnehmerbezogen auf die Arbeitnehmer aufgeteilt werden. Die entsprechenden Rechnungen und deren Aufteilung sowie die Teilnahmebescheinigungen müssen zum Lohnkonto genommen werden.

Wichtig: Der Freibetrag von 600 Euro gilt pro Kalenderjahr pro Arbeitnehmer. Wird er überschritten, ist nur der übersteigende Betrag steuer- und sozialversicherungspflichtig. Bei einem Arbeitgeberwechsel muss nicht aufgeteilt werden. Der Arbeitnehmer kann bei einem unterjährigen Arbeitgeberwechsel den Freibetrag zweifach in Anspruch nehmen. Auch bei Mehrfachbeschäftigten gibt es keine Probleme, denn der Freibetrag steht dem Arbeitnehmer je Arbeitgeber in voller Höhe zu.

Aufwendungen zur Gesundheitsförderung aus überwiegend eigenbetrieblichem Interesse des Arbeitgebers bleiben generell steuerfrei. In diesen Fällen gilt nicht nur der Freibetrag von 600 Euro, sondern es liegt eine generelle Steuerbefreiung vor. Denn es handelt sich hierbei nicht um geldwerte Vorteile für die Arbeitnehmer.

Exkurs: Gesundheitsmanagement für Führungskräfte

Eine Besonderheit besteht für die Geschäftsführung bzw. die „tragenden Säulen" der Belegschaft: Für diese können sogenannte Gesundheits-Checks steuerfrei durchgeführt bzw. die Kosten für diese unter bestimmten Voraussetzungen übernommen werden. Dazu gab es eine derzeit finale Entscheidung seitens der Finanzgerichte mit folgender Aussage: Übernehmen Arbeitgeber für ihre leitenden Angestellten die Kosten für eine ärztliche Vorsorgeuntersuchung (Gesundheits-Check), fließt den Arbeitnehmern kein Arbeitslohn zu.

In einem vom Finanzgericht Düsseldorf entschiedenen Fall hatte der Arbeitgeber seinen Führungskräften alle zwei Jahre kostenlose Gesundheits-Checks zur Früherkennung von Herz-Kreislauf und Stoffwechselerkrankungen bei e nem von ihm ausgesuchten Facharzt angeboten. Nach Ansicht des Finanzgerichts handelte der Arbeitgeber überwiegend aus eigenbetrieblichem Interesse, weil sich das Angebot auf Führungskräfte beschränkte. Hätten die Gesundheits-Checks eine Belohnung sein sollen, hätte der Arbeitgeber die Teilnehmer wohl nach anderen Kriterien ausgewählt. Für das betriebliche Interesse spreche auch, dass der Arbeitgeber sich in anonymisierter Form eine Auswertung zukommen ließ. Gegen ein überwiegendes eigenes Interesse der Arbeitnehmer spreche, dass sie die Kosten der Vorsorgeuntersuchungen nicht oder zumindest nicht in voller Höhe hätten selbst tragen müssen, weil sie durch die Krankenkassen übernommen worden wären. Das rechtskräftige Urteil vom 30.09.2009 ist unter dem Az. 15 K 2727/08 L zu finden.

Prinzipiell sollte man sich vor der Unterstützung von Maßnahmen im Bereich der Gesundheitsförderung am besten eine Freigabe des zuständigen Betriebstättenfinanzamtes im Rahmen eines Auskunftsersuchens einholen.

6.1.12 Job-Tickets

6.1.12.1 Personennahverkehr

Seit dem 01.01.2019 sind Arbeitgeberleistungen

a) für Fahrten des Arbeitnehmers mit öffentlichen Verkehrsmitteln im Linienverkehr (ohne Luftverkehr) zwischen Wohnung und erster Tätigkeitsstätte (inkl. Fahrten zu einem Sammelpunkt oder einem weiträumigen Tätigkeitsgebiet) und

b) für alle Fahrten des Arbeitnehmers im öffentlichen Personennahverkehr

nach § 3 Nr. 15 EStG steuerfrei. Die Finanzverwaltung bezeichnet die unter a) genannten Fahrten als Personen**fern**verkehr.

Die Steuerbefreiung gilt insbesondere für Fahrkarten in Form von

- Einzel-/Mehrfahrtenfahrscheinen,

- Zeitkarten (z. B. Monats-, Jahrestickets, BahnCard 100),

- allgemeinen Freifahrberechtigungen und Freifahrberechtigungen für bestimmte Tage (z. B. „Feinstaubticket") oder Ermäßigungskarten (z. B. BahnCard 25, BahnCard 50).

Sie umfasst sowohl die unentgeltliche oder verbilligte Überlassung von Fahrkarten als Sachbezug, als auch Barzuschüsse zu Fahrkarten, die der Arbeitnehmer selbst gekauft hat. Es ist nicht von vornherein für die Steuerfreiheit schädlich, wenn die Fahrkarte auch die Mitnahme von anderen Personen umfasst oder auf andere Personen übertragbar ist.

§ 3 Nr. 15 EStG unterscheidet zwischen

- öffentlichen Verkehrsmitteln im Linienverkehr und solchen

- im öffentlichen Personennahverkehr (im Folgenden: ÖPNV).

Zu den öffentlichen Verkehrsmitteln im Linienverkehr zählen

- Fernzüge der Deutschen Bahn (ICE, IC, EC),

- Fernbusse auf festgelegten Linien oder Routen und mit festgelegten Haltepunkten sowie

- vergleichbare Hochgeschwindigkeitszüge und schnellfahrende Fernzüge anderer Anbieter (z. B. TGV, Thalys).

Bei diesen Verkehrsmitteln („Personenfernverkehr") ist nur die Nutzung zu Fahrten zwischen Wohnung und erster Tätigkeitsstätte nach § 3 Nr. 15 EStG begünstigt. Die Begünstigung gilt somit nur für Arbeitnehmer, die in einem aktiven Beschäftigungsverhältnis stehen. Zusätzlich werden auch Leiharbeitnehmer in die Steuerbegünstigung einbezogen.

Öffentliche Verkehrsmittel im Personennahverkehr

Zum öffentlichen Personennahverkehr (ÖPNV) gehört nach dem BMF-Schreiben die allgemein zugängliche Beförderung von Personen im Linienverkehr, die überwiegend dazu bestimmt ist, die Verkehrsnachfrage im Stadt-, Vorort- oder Regionalverkehr zu befriedigen. Aus Vereinfachungsgründen rechnet die Finanzverwaltung alle öffentlichen Verkehrsmittel, die nicht Personenfernverkehr im obigen Sinne sind, zum ÖPNV.

Auch Taxen können zum ÖPNV gehören. Das BMF unterscheidet bei Taxen wie folgt:

- Taxen werden zum ÖPNV gerechnet, soweit sie ausnahmsweise im Linienverkehr nach Maßgabe der genehmigten Nahverkehrspläne eingesetzt werden (z. B. zur Verdichtung, Ergänzung oder zum Ersatz anderer öffentlicher Verkehrsmittel) und von der Fahrkarte mitumfasst sind oder gegen einen geringen Aufpreis genutzt werden dürfen.

■ Die Nutzung von Taxen im Gelegenheitsverkehr, von für konkrete Anlässe speziell gemieteten bzw. gecharterten Bussen oder Bahnen, die nicht auf konzessionierten Linien oder Routen fahren, und von Flugzeugen wird nicht zum ÖPNV gezählt.

Praxistipp

Nur die „Beförderung von Personen" wird als ÖPNV angesehen. Daher sind (allgemein zugängliche) Mobilitätsoptionen, wie z. B. Car-, Bike- oder Scootersharing nicht begünstigt.

Die Steuerbefreiung kann auch für Arbeitnehmer ohne aktives Beschäftigungsverhältnis (inkl. Leiharbeitnehmer) genutzt werden, da bei Nutzung des ÖPNV auch alle Privatfahrten begünstigt sind.

Praxistipp

Die Steuerbefreiung gilt nur, wenn die Arbeitgeberleistung zusätzlich zum ohnehin geschuldeten Arbeitslohn erbracht wird. Gehaltsumwandlungen sind nicht begünstigt.

Anrechnung auf die Entfernungspauschale und Bescheinigung

Die steuerfreien Arbeitgeberleistungen mindern die im Rahmen der Einkommensteuerveranlagung abziehbare Entfernungspauschale und müssen in der elektronischen Lohnsteuerbescheinigung des Arbeitnehmers in Zeile 17 bescheinigt werden (§ 41b

Abs. 1 Satz 2 Nr. 6 EStG). Dies gilt auch für die Zuschüsse für reine Privatfahrten.

Der Minderungsbetrag für die Entfernungspauschale entspricht dem Wert der überlassenen Fahrkarte oder dem geleisteten Zuschuss, der ohne die Steuerbefreiung nach § 3 Nr. 15 EStG als Arbeitslohn zu besteuern gewesen wäre. Mengenrabatte, wie sie bei Job-Tickets oft enthalten sind, müssen nicht bescheinigt werden. Aus Vereinfachungsgründen können die Aufwendungen des Arbeitgebers inkl. Umsatzsteuer herangezogen werden.

Die Entfernungspauschale wird maximal bis auf null Euro gekürzt. Die Minderung ist unabhängig von der tatsächlichen Nutzung der Fahrkarte vorzunehmen. Auch wenn der Arbeitnehmer die Fahrkarte nicht für die Fahrt Wohnung/erste Tätigkeitsstätte nutzt, sondern ausschließlich für private Fahrten, wird die Entfernungspauschale gekürzt.

Nutzt der Arbeitnehmer die Fahrkarte auch für Dienstreisen (Auswärtstätigkeiten) oder wöchentliche Familienheimfahrten im Rahmen einer doppelten Haushaltsführung, kann die Kostenerstattung nach Dienstreisegrundsätzen bzw. den Grundsätzen für eine doppelte Haushaltsführung steuerfrei bleiben. Diese Steuerbefreiungen in § 3 Nr. 13 und § 3 Nr. 16 EStG sind vorrangig vor § 3 Nr. 15 EStG zu prüfen.

Praxistipp

Die Anrechnung auf die Entfernungspauschale bzw. die Kürzung im Rahmen der Lohnsteuerbescheinigung kann entfallen, wenn der Arbeitnehmer wirksam auf die Fahrberechtigung verzichtet hat (indem er die Fahrberechtigung nicht annimmt oder eine Fahrkarte zurückgibt). Dieser Verzicht ist als Nachweis zum Lohnkonto zu nehmen.

Wenn sich der Gültigkeitszeitraum einer Fahrkarte auf zwei oder mehr Kalenderjahre erstreckt (z. B. Jahresticket), gilt die steuerfreie Leistung als in dem Kalenderjahr zugeflossen, in dem sie vom Arbeitgeber erbracht wurde. Allerdings muss der Wert der Fahrkarte für die Anrechnung auf die Entfernungspauschale gleichmäßig auf den Gültigkeitszeitraum verteilt und entsprechend in den jeweiligen Kalenderjahren bescheinigt werden.

6.1.12.2 Personenfernverkehr

Fahrkarten für den Personenfernverkehr sind nach § 3 Nr. 15 EStG nur steuerfrei, soweit sie für Fahrten Wohnung/erste Tätigkeitsstätte genutzt werden.

Praxistipp

Gilt die Fahrkarte für den Personenfernverkehr nur für die Strecke Wohnung/erste Tätigkeitsstätte, geht die Finanzverwaltung aus Vereinfachungsgründen davon aus, dass die Arbeitgebererstattung nur für die Fahrten Wohnung/erste Tätigkeitsstätte erfolgt. Sie kann somit in voller Höhe nach § 3 Nr. 15 EStG steuerfrei bleiben.

Hinweis

Die tatsächliche Nutzung der Fahrkarte auch zu privaten Fahrten ist unbeachtlich.

Gilt die Fahrkarte für den Personenfernverkehr für eine längere Strecke als die Strecke Wohnung/Tätigkeitsstätte, kann aus Vereinfachungsgründen der Teil der Fahrkarte nach § 3 Nr. 15

EStG steuerfrei bleiben, der auf die Strecke Wohnung/erste Tätigkeitsstätte entfällt. Für die Vergleichsberechnung ist der reguläre Verkaufspreis anzusetzen.

Hinweis

Berechtigt die Fahrkarte des Arbeitnehmers nur zur Nutzung von Zügen des ÖPNV, ist diese Vergleichsberechnung nicht erforderlich. Denn bei Nutzung des ÖPNV können alle Fahrten steuerfrei erstattet werden. In diesem Fall müssten die gesamten Kosten der Fahrkarte in Zeile 17 der Lohnsteuerbescheinigung angegeben werden.

6.1.13 Kindergartenzuschüsse und Betreuungskostenübernahme

6.1.13.1 Kindergartenzuschüsse

Zuschüsse für die Kindergärten können dem Arbeitnehmer unbegrenzt entsprechend Nachweis zusätzlich zum ohnehin geschuldeten Arbeitslohn erstattet werden. Dies war und ist anerkannt und erfreut sich als Mittel auch zunehmender Beliebtheit. Allerdings ist diese Erstattungsoption an enge Voraussetzungen geknüpft: Alljährlich muss die **Originalrechnung** im Unternehmen vorgelegt und zum Lohnkonto genommen werden, um eine doppelte Geltendmachung im Rahmen der Einkommensteuererklärung zu unterbinden. Werden nur anteilig Zuschüsse gewährt, so müssen Arbeitgeber sich trotzdem die Originalrechnung vorlegen lassen und darauf den von ihnen erstatteten Anteil vermerken. Dieser Beleg, gestempelt und gezeichnet vom Arbeitgeber, verbleibt als Kopie in der Personalakte und geht im Original an den betroffenen Arbeitnehmer zurück.

Die Kinder der anspruchsberechtigten Eltern durften in der Vergangenheit noch nicht schulpflichtig sein, was aufgrund der landesrechtlichen Schulgesetze oftmals zu unterschiedlichen Ergebnissen geführt hat. Bisher wurde daher vereinfachend auf die Vollendung des 6. Lebensjahres abgestellt. Ab 2015 bleiben Kinder so lange begünstigt, bis sie eingeschult sind.

Steuerfrei zu leisten sind Sachleistungen und Barzuschüsse des Arbeitgebers für die Unterkunft und die Betreuung nicht schulpflichtiger Kinder. Nicht begünstigt sind Transport oder Betreuung im Haushalt.

Kindergartenzuschüsse sind bis dato von der Höhe her auf die wirklich nachgewiesenen Kosten begrenzt. Diese werden aber im Regelfall nicht ausgeschöpft, da diese Zuschüsse ja bei Einschulung des Kindes ersatzlos entfallen. Leider lösen sich mit Erreichen dieses Zeitpunktes die Kosten für ein Kind ja nicht auf und wenn die bis dato gewährten Nettozuschüsse dann einfach entfallen, führt das bei den betroffenen Mitarbeitern trotz mehrfacher Hinweise auf die Befristung im Vorfeld nicht unbedingt zu Begeisterung bzw. eröffnet die Erwartungshaltung auf einen gleichwertigen Ersatz.

Hat der Arbeitgeber hier einen Zuschuss von ca. 100 Euro pro Monat gewährt, ist dies auch eventuell durch eine Bruttoerhöhung zu erstatten. Belief sich der Zuschuss auf 400 Euro, was durchaus Beträge sind, die für Kindergärten in Ballungsgebieten gezahlt werden, ist der Wegfall schwerer zu verkraften bzw. eine Kompensierung durch eine Bruttoerhöhung eher unrealistisch.

Tatsächlich ist dieses Medium sehr umstritten, da viele Elternteile von sich aus durchaus damit einverstanden wären, wenn die Gelder mit Erreichen der Schulpflicht entfielen, da dann ja auch die Kindergartenkosten entfallen. In der Realität ist aber ein bisher auf der Lohnabrechnung ausgewiesener Betrag, der dann ersatzlos entfällt, meist ein hoher Faktor der Demotivation.

6.1.13.2 Zuschüsse zur Beratung und Vermittlung von Kinderbetreuung oder der Betreuung pflegebedürftiger Angehöriger

Leistungen des Arbeitgebers, die – wie im Titel dargestellt – zur Vermittlung von Betreuungskräften für pflegebedürftige Angehörige oder Kinder beitragen oder Beratungsleistungen dazu, können zukünftig ohne Betragsbegrenzung steuerfrei erstattet werden. Voraussetzung für die Nutzung der Steuerfreiheit ist, dass die zu betreuenden Kinder Anspruch auf Kindergeld haben. Begünstigt sind Kinder, die das 14. Lebensjahr noch nicht vollendet haben, oder behinderte Kinder, die außerstande sind, sich selbst zu unterhalten und deren Behinderung vor Vollendung des 25. Lebensjahres eingetreten ist.

Zwar müssen auch diese Zuschüsse zusätzlich zum ohnehin geschuldeten Arbeitslohn gewährt werden. Im Regelfall werden diese aber ohnehin eher in Einzelfällen und damit als besondere „Prämienregelung" auftreten.

Beispiel: Auf Wunsch des Unternehmens beendet Herr Ehrlich die Elternzeit für sein zweites Kind vorzeitig: Ein Unterbringungsplatz für das Kind ist schwer zu finden und so beauftragt der Arbeitgeber einen externen Dienstleister, der Familie Ehrlich bezüglich der Suche nach einer Kinderbetreuung unterstützt und letztlich einen Betreuungsplatz für das Kind vermittelt. Die hierfür angefallenen Beratungskosten von beispielhaft 650 Euro können Arbeitgeber komplett steuer- und sozialversicherungsfrei übernehmen.

6.1.13.3 Steuerfreie kurzfristige Betreuung von Kindern und pflegebedürftiger Angehöriger

Sicher kennt fast jedes Elternteil die Situation: Ein zwingender, beruflicher Termin erfordert einen längeren Verbleib im Büro. Der Kindergarten schließt um 17.00 Uhr bzw. die Kinderbetreuung ist bis 17.00 Uhr gebucht und kann auch nicht länger bleiben. Für solche kurzfristigen berufsbedingten Betreuungen von Kindern bis zum 14. Lebensjahr oder pflegebedürftigen Angehörigen eines Mitarbeiters, die über den normalen Betreuungsaufwand hinausgehen, können Arbeitgeber nun zusätzlich aktiv werden und bis zu 600 Euro pro Mitarbeiter und Jahr steuerfrei erstatten. Dabei ist hier auch die Betreuung im Privathaushalt begünstigt.

Vorsicht: Nicht steuerfrei sind dagegen Zuschüsse an Arbeitnehmer, die Arbeitgeber für die Notbetreuung während der üblichen Arbeitszeit gewähren, weil etwa eine Betreuungsperson krankheitsbedingt ausgefallen ist.

Beispiel: Frau Frohsinn ist nun schon einige Jahre tätig und hat mittlerweile aufgrund der Geburt ihres ersten Kindes ihre Arbeitszeit auf 50 % vormittags reduziert. Für einen Großauftrag stockt sie ihre Teilzeittätigkeit (50 % vormittags) für sechs Wochen auf 100 % Arbeitszeit auf. Der Arbeitgeber übernimmt im Gegenzug die Kosten für die nunmehr nachmittags erforderliche Kinderbetreuung in Höhe von 650 Euro.

Bis zu einem Betrag von 600 Euro können Arbeitgeber diese Kosten steuer- und sozialversicherungsfrei erstatten. Es handelt sich dabei allerdings um einen **Freibetrag**. Der übersteigende Betrag von 50 Euro unterliegt also der Lohnsteuer- und Sozialversicherungspflicht.

Praxistipp

Die Zahlungen sind auch an Großeltern oder sonstige Familienangehörige denkbar, wenn diese nachweislich in Rechnung gestellt werden. In der Realität taucht dann aber oft das Problem auf, dass Großeltern und Freunde kein Gewerbe angemeldet haben und damit die Rechnungsstellung in offizieller Form diese in Verlegenheit bringen kann.

6.1.14 Kundenbindungsprogramme

Immer häufiger bieten Tankstellen oder Supermärkte im Rahmen von Kundenbindungsprogrammen Sachprämien an. Dies birgt einige interessante Ansätze, insbesondere dann, wenn die Tankkarte oder aber die Kreditkarte beim Großhändler vom Arbeitgeber stammt und durch diesen auch die Einkäufe bezahlt wurden.

Da es hier eine Vielzahl von Ansätzen gibt, möchten wir einige Beispiele nennen, die insbesondere bei dienstlichen Anlässen immer wieder vorkommen:

- Der Arbeitnehmer erwirbt anlässlich einer beruflichen Auswärtstätigkeit Flug- oder Bahntickets, die er von seinem Arbeitgeber erstattet bekommt. Im Zuge des Erwerbs erhält der Arbeitnehmer Bonuspunkte.

- Ein Arbeitnehmer darf die Tankkarte seines Arbeitgebers benutzen. Bei jeder Bezahlung bekommt er Bonuspunkte aus einem Kundenbindungsprogramm.

- Ein Mitarbeiter verwendet anlässlich einer beruflichen Auswärtstätigkeit eine Firmenkreditkarte und erhält hierfür Bonuspunkte.

Ob und in welcher Höhe Lohnsteuer und eventuell sogar Sozialversicherungsbeiträge fällig werden, hängt davon ab, für welche Zwecke die gesammelten Bonuspunkte verwendet werden können.

Bewertung als Sachbezug

Werden einem Arbeitnehmer im Rahmen einer dienstlichen Tätigkeit Bonuspunkte gutgeschrieben, für die er sich privat Sachprämien aussuchen kann, entsteht prinzipiell ein zu versteuernder geldwerter Vorteil. Allerdings erst im Zeitpunkt der tatsächlichen Inanspruchnahme der Bonuspunkte, nicht und nicht bereits bei Gutschrift der Bonuspunkte auf dem Prämienkonto.

Praxistipp

Beruhen die Bonuspunkte aus der Inanspruchnahme von Dienstleistungen, kann der Prämienanbieter aktiv werden und die Vorteile mit abgeltender Wirkung pauschal mit 2,25 v. H. versteuern (§ 37a Abs. 1 EStG). Stammen die Bonuspunkte dagegen aus dem Kauf von Waren, ist der geldwerte Vorteil ohne Abzüge lohnsteuerpflichtig.

Bewertung als Geldbezug

Steht in den Allgemeinen Geschäftsbedingungen, dass ein erzielter Bonuspunkt einen Gegenwert von z. B. einem Cent hat und die Auszahlung bargeldlos durch Überweisung auf ein vom Arbeitnehmer angegebenes Konto erfolgt, liegt ein geldwerter Vorteil vor, der ohne Abzug lohnsteuerpflichtig ist. Der Arbeitslohn fließt dem Arbeitnehmer – anders als beim Sachbezug – bereits bei Gutschrift der Bonuspunkte auf dem Prämienkonto zu. Bonuspunkte sind auch dann wie ein Geldbezug zu werten, wenn die Bonuspunkte wie Geld verwendet werden können. Das ist der Fall, wenn sich der Arbeitnehmer über die Bonuspunkte einen Wertgutschein ausdrucken lassen und damit einkaufen kann (z. B. bei Payback-Kundenbindungsprogrammen).

Durch die Möglichkeit der Bareinlösung unterliegt dieser auch nicht den Möglichkeiten des 44 Euro-Sachbezuges, d. h. eine Anwendung der 44 Euro-Freigrenze ist nicht möglich.

Praxistipp

Es reicht schon die Möglichkeit der Bareinlösung aus, um den Ansatz der 44 Euro-Freigrenze zu unterbinden.

Die Spitzenverbände der Sozialversicherung haben klargestellt, dass diese Form der pauschalen Besteuerung keinerlei Beitragsfreiheit auslöst.

Praxistipp

Aufgrund der schwierigen praktischen Umsetzbarkeit der lohnsteuerlichen Bestimmungen und damit des Haftungsrisikos, will die Freischaltung von z. B. Tankkarten für Payback-Programme wohlüberlegt sein.

6.1.15 Mankogelder

Von Mankogeldern oder auch Fehlgeldern spricht man, wenn Mitarbeitern, die mit einer Kassentätigkeit betraut sind, pauschal Fehlbeträge erstattet werden. Mit diesen können also eventuelle Fehlbeträge in der Kasse ausgeglichen werden. Arbeitgeber können ihren Arbeitnehmern bis zu 16 Euro netto monatlich dafür zur Verfügung stellen.

Dabei muss der Mitarbeiter nicht zwingend in einem Supermarkt an einer Kasse sitzen. Auch die Verantwortung für die Handkasse im Sekretariat oder in der Finanzbuchhaltung ist bereits ausreichend. Die Fehlgeldentschädigung wird als Ausgleich eines erhöhten Haftungsrisikos des Arbeitnehmers nicht nur den ausschließlich oder im Wesentlichen im Kassen- und Zähldienst Beschäftigten gewährt, sondern gilt ebenso für Arbeitnehmer, die nur im geringen Umfang im Kassen- und Zähldienst tätig sind.

6.1.16 Mitarbeiterbeteiligungen/Aktienüberlassung

Die Überlassung von Vermögensbeteiligungen an Mitarbeiter des Unternehmens (sog. Aktienoptionen) stellt für den jeweiligen Mitarbeiter einen geldwerten Vorteil dar. Dieser geldwerte Vorteil wird nicht bereits im Zeitpunkt des Erwerbs der Optionsrechte, sondern erst bei der späteren Ausübung der Rechte steuer- und damit auch beitragspflichtig zur Sozialversicherung.

Vermögensbeteiligungen können sein:

- Aktien,

- Anteilsscheine an in- oder ausländischen Aktienfonds,

- Beteiligungssondervermögen,

- Genossenschaftsguthaben,

- GmbH-Anteile.

Für den geldwerten Vorteil besteht in begrenztem Umfang Steuerfreiheit. Die Differenz zwischen dem gezahlten Entgelt für die

Aktien und z. B. dem Kurswert am Tag der Aus-/Umbuchung
führt zu einem lohnsteuerpflichtigen geldwerten Vorteil. Der
Vorteil war bis 2008 nur bis zum halben Börsenkurs der überlassenen Aktie steuerfrei, höchstens jedoch 135 Euro jährlich.
Mit dem Gesetz zur steuerlichen Förderung der Mitarbeiterka-
pitalbeteiligung sind ab 2009 folgende Änderungen erfolgt:

■ der steuer- und damit abgabenfreie Höchstbetrag für die unentgeltliche oder verbilligte Überlassung von Mitarbeiterbeteiligungen am Unternehmen des Arbeitgebers wird unter
bestimmten Bedingungen von 135 Euro auf 360 Euro unter
Wegfall der Begrenzung auf den halben Wert der Beteiligung
angehoben;

■ die Beteiligung am arbeitgebenden Unternehmen wird – wie
bisher – begünstigt, allerdings werden die begünstigten An-
lageformen – mit Ausnahme einer Anlage in einen Mitarbei-
terbeteiligungsfonds – auf direkte Beteiligungsformen beschränkt.

Unser Herr Ehrlich erhält im Jahr 2020 vom Arbeitgeber Aktien
mit einem Wert von 700 Euro verbilligt zu einem Preis von 200
Euro. Er muss nun wie folgt Arbeitslohn versteuern:

Wert der Aktien 700 Euro

./. gezahlter Preis 200 Euro

= Geldwerter Vorteil 500 Euro

./. Steuervergünstigung nach § 3 Nr. 39 EStG 360 Euro

= Steuerpflichtiger Anteil 140 Euro.

Wird ein fehlgeschlagenes Mitarbeiteraktienprogramm rückgängig gemacht, indem zuvor vergünstigt erworbene Aktien an den Arbeitgeber zurückgegeben werden, liegen negative Einnahmen bzw. Werbungskosten vor. Die Höhe des sog. Erwerbsaufwands bemisst sich in einem solchen Fall nach dem ursprünglich gewährten geldwerten Vorteil. Zwischenzeitlich eingetretene Wertveränderungen der Aktien sind nicht beachtlich.

Hinweis

Die Steuerbefreiung für Mitarbeiterbeteiligungen hat zur Voraussetzung, dass die Teilnahme an dem jeweiligen Beteiligungsmodell des Arbeitgebers allen Beschäftigten des Unternehmens offensteht und ein Mitarbeiter mindestens 6 Monate Betriebszugehörigkeit erworben haben muss. Optionsrechte sind in der Praxis häufig einem bestimmten Kreis von Arbeitnehmern vorbehalten. Die verbilligte Überlassung von Arbeitgeberaktien als Folge der Ausübung von Optionsrechten ist in diesen Fällen von der Steuerbefreiung ausgeschlossen.

Praxistipp

Es handelt sich hier um eine **Freibetragsregelung**, keine Freigrenze, und die Steuerfreiheit bezieht sich auf das jeweilige Dienstverhältnis. Allerdings kann die Aktienüberlassung durch Dritte (z. B. Kreditinstitut, Konzernmuttergesellschaft etc.) erfolgen.

Die Bewertung erfolgt dabei mit folgenden Kursen:

- Überlassung innerhalb von neun Monaten nach Beschlussfassung:

    →Niedrigster Börsenkurs am Tag der Beschlussfassung.

- Überlassung nach Ablauf von neun Monaten nach Beschlussfassung:

    →Niedrigster Börsenkurs am Tag der Überlassung.

6.1.17 Parkplatzanmietung

Stellt der Arbeitgeber seinen Arbeitnehmern unentgeltlich Garagenplätze zur Verfügung, handelt es sich nach einem rechtskräftigen Urteil des FG Köln regelmäßig um steuerpflichtigen Arbeitslohn. In diesem Urteil wurde festgestellt, dass in der kostenlosen Parkmöglichkeit in erster Linie ein Bedürfnis des Arbeitnehmers und kein eigenbetriebliches Interesse zu sehen wäre.

Die Finanzverwaltung hält aber an der bisherigen lohnsteuerlichen Behandlung bei vom Arbeitgeber zur Verfügung gestellten Stellplätzen fest.

- Werden Stellplätze auf dem Betriebsgelände des Arbeitgebers überlassen, handelt es sich um eine Arbeitsbedingung. Die erbrachten Leistungen unterliegen weder der Lohnsteuer noch den Sozialabgaben.

- Werden Parkplätze auf angemieteten Flächen überlassen, liegt kein geldwerter Vorteil vor, wenn die Gestellung betrieblichen Erwägungen dient. Das ist eindeutig etwa bei konkret ausgewählten Mitarbeitern im Schichtdienst, Außendienstlern oder Arbeitnehmern mit Dienstzeiten außerhalb des Nahverkehrsangebots.

Allerdings Vorsicht: Keinesfalls darf eine Zuordnung der Parkplätze individuell zu einem Mitarbeiter erfolgen, auch nicht für eine Führungskraft oder den Geschäftsführer, es sei denn, diese haben einen Firmenwagen.

Grundsätzlich sind auch Mietzuschüsse für Firmenwageninhaber problemlos steuerfrei denkbar, da hier das betriebliche Interesse des Schutzes des Firmenwagens im Vordergrund steht. Die Erstattung von Parkplatzkosten am Wohnsitz des Arbeitnehmers für seinen eigenen Pkw gehört aber zum Arbeitslohn und damit entstünde hier ein geldwerter Vorteil.

Die Erstattung von Parkgebühren durch den Arbeitgeber wäre ebenfalls steuer- und sozialversicherungspflichtiger Arbeitslohn, wenn der Mitarbeiter damit beim Unternehmen parkt. Hier handelt es sich nicht um Werbungskosten. Dies gilt sogar dann, wenn der Angestellte den Wagen auch für Dienstreisen benötigt oder keine Firmenparkplätze zur Verfügung stehen. Allerdings kann der Arbeitgeber diesen Betrag pauschal mit 15 % versteuern, sofern die Erstattung nicht höher ist als die Entfernungspauschale des jeweiligen Mitarbeiters.

Wichtig: Im Falle einer Entgeltumwandlung, in der der Arbeitgeber anstelle der anstehenden Gehaltserhöhung unentgeltlich einen Parkplatz zur Verfügung stellt, liegt kein geldwerter Vorteil vor. Das gilt auch dann, wenn der überlassene Parkplatz vom Arbeitgeber außerhalb des Betriebsgeländes angemietet ist.

6.1.18 Reisekosten

Prinzipiell unterscheidet man beim Begriff Reisekosten vier Gruppen von Ansätzen:

- Fahrtkosten,
- Reisenebenkosten,

- Übernachtungskosten,

- Verpflegungspauschalen.

Reisekosten können anlässlich einer Dienstreise erstattet werden. Eine solche liegt vor, wenn der Arbeitnehmer

- aus beruflichen Gründen,

- vorübergehend,

- außerhalb seiner Wohnung und seiner ersten Tätigkeitsstätte tätig ist.

6.1.18.1 Definition erste Tätigkeitsstätte und arbeitsvertragliche Regelungen

Zum 01.01.2014 wurde der Begriff der „ersten Tätigkeitsstätte" neu definiert. Als Grundsatz gilt: Es gibt je Arbeitsverhältnis höchstens eine erste Tätigkeitsstätte. Dabei muss es sich um eine ortsfeste, betriebliche Einrichtung des Arbeitgebers, eines verbundenen Unternehmens oder auch von Dritten handeln, an der der Arbeitnehmer mit dauerhafter Zuordnung tätig werden soll.

Im Umkehrschluss sind damit **keine** „erste Tätigkeitsstätte" beispielsweise:

- Fahrzeuge,

- Schiffe,

- Flugzeuge,

- weiträumige Arbeitsgebiete: Häfen, Wald,

- Homeoffice,

- Einrichtungen, an denen Mitarbeiter nicht „tätig" werden sollen, also nur etwas abholen.

Besondere Bedeutung erhält in dem Zusammenhang, dass auch Einrichtungen von Dritten zu einer ersten Tätigkeitsstätte werden können, sodass seit 01.01.2014 alle Mitarbeiter, die beim Kunden eingesetzt werden, dort eine erste Tätigkeitsstätte haben können. Dies führte z. B. zu einem Versteuerungsanspruch für Fahrten zwischen Wohnung und Tätigkeitsstätte bei Nutzung eines Firmenwagens oder aber zum Entfall von in der Vergangenheit gezahlten Reisekosten oder Verpflegungsmehraufwand.

Allerdings hat der Gesetzgeber einen gewissen Gestaltungsspielraum bei der Thematik eingeräumt. Zum einen muss die Zuordnung zu der ersten Tätigkeitsstätte dauerhaft erfolgen. Als dauerhaft gilt dabei ein Zeitfenster von 48 Monaten, welches immer zu Beginn eines Einsatzes prognostiziert werden darf.

Beispiel 1: Herr Ehrlich erhält einen unbefristeten Arbeitsvertrag bei seinem Arbeitgeber und startet in der Niederlassung München, soll aber 24 Monate am Standort Bremen tätig werden. Unter Betrachtung der Voraussetzungen für eine erste Tätigkeitsstätte ist Herr Ehrlich also weniger als 48 Monate in Bremen tätig. Es entsteht also keine erste Tätigkeitsstätte an diesem Standort.

Dies gilt auch, wenn Herr Ehrlich in Folge zu einer anderen Betriebsstätte in Hamburg versetzt wird, diesmal für 36 Monate. Auch hier erfolgt wieder die neue Überprüfung: Der Arbeitnehmer ist weniger als 48 Monate an dieser Betriebsstätte tätig. Es entsteht keine erste Tätigkeitsstätte.

Selbst wenn Arbeitgeber nach 40 Monaten feststellen, dass der Einsatz in Hamburg weitere zwölf Monate andauern wird, liegt zwar insgesamt eine Verweildauer von 52 Monaten in Hamburg vor. Da die Prognose aber zu Beginn anders war und immer nur der Prognosezeitraum zu betrachten ist, entsteht auch hier keine erste Tätigkeitsstätte.

Praxistipp

Bei Verlängerung von Projekten erfolgt immer eine neue Prognose. Es erfolgt **keine** Addition der Zeiträume.

Der Arbeitgeber kann also durch die Gestaltung im Arbeitsvertrag sehr stark beeinflussend wirken. Allerdings muss die Zuordnung immer für die Zukunft erfolgen und ist rückwirkend nicht möglich.

Liegt **keine** Zuordnung vor, entscheiden zeitliche Kriterien über die Zuordnung als erste Tätigkeitsstätte. Als solche gilt die Einrichtung, die der Arbeitnehmer

- arbeitstäglich,

- je Arbeitswoche für volle zwei Tage oder

- mindestens zu einem Drittel seiner vertraglich vereinbarten regelmäßigen Arbeitszeit

aufsucht.

Praxistipp

Eine „Negativ-Zuordnung" ist nicht zulässig, d. h. ein Hinweis im Vertrag, dass **keine** erste Tätigkeitsstätte vorliegt, ist nicht möglich. Dieser Sachverhalt kann sich nur aus den anderen Rahmenbedingungen ergeben.

Bei mehreren Einsatzorten gilt ebenso, dass die Festlegung der ersten Tätigkeitsstätte durch den Arbeitgeber erfolgt und maßgeblich ist. Erfolgt keine Bestimmung durch den Arbeitgeber oder ist diese nicht eindeutig, so ist für die Ermittlung der Entfernungspauschale oder für die Dienstwagenbesteuerung die nächste Tätigkeitsstätte zur Wohnung anzusetzen.

Beispiel 2: Herr Klug wird als Filialleiter tätig und betreut fünf Filialen eines Unternehmens. Der Arbeitgeber hat vertraglich keine Zuordnung als erste Tätigkeitsstätte vorgenommen. Herr Klug soll aufgrund der betrieblichen Anforderungen an allen Filialen einen Tag pro Woche tätig sein.

Da keine Zuordnung durch den Arbeitgeber erfolgt ist und es keinen quantitativ definierbaren zeitlichen Schwerpunkt gibt, hat Herr Klug keine erste Tätigkeitsstätte. Für ihn fällt also auch keine Besteuerung der Fahrten zwischen Wohnung und erster Tätigkeitsstätte für seinen eventuell vorhandenen Dienstwagen an.

Beispiel 3: Herr Klug hat sich bewährt und ist nun Vertriebsleiter und betreut drei Filialen des Unternehmens. In seinem Vertrag wurde wieder keine erste Tätigkeitsstätte fixiert. Aufgenommen wurde aber, welche beiden Filialen er an zwei Tagen pro Woche aufsuchen soll.

Da keine Zuordnung durch den Arbeitgeber erfolgte, greifen die quantitativen Kriterien: Zwei Tätigkeitsstätten werden häufiger besucht. Als erste Tätigkeitsstätte gilt diejenige, die am dichtesten zur Wohnung von Herrn Klug liegt.

6.1.18.2 Arten von Reisekosten

In der Praxis unterscheiden sich verschiedene Arten von Reisekosten, die nebeneinander gewährt werden können:

Fahrtkosten: Umfassen die Erstattung von maximal 0,30 Euro pro gefahrenem Kilometer gegenüber dem Arbeitnehmer für die Nutzung seines privaten Pkw, wenn diese steuerfrei gewährt werden sollen.

Reisenebenkosten: Umfassen echte Aufwandsentschädigungen wie Maut, Parkgebühren, Koffergeld oder dergleichen. Diese Nebenkosten sind durch Belege nachzuweisen und können steuerfrei erstattet werden.

Übernachtungskosten: Können auf Nachweis (z. B. anhand einer vorgelegten Hotelrechnung) oder ohne Einzelnachweis pauschal mit maximal 20 Euro je Übernachtung erstattet werden.

Verpflegungspauschalen: Umfassen die Erstattungsmöglichkeiten bei betrieblicher Abwesenheit über bestimmte Zeiten hinaus. Bei Verpflegungspauschalen kommt häufig auch die Verbindung zur Mahlzeitengewährung auf. Hier gibt es steuerfreie und pauschalversteuerte Ansätze.

Durch das Jahressteuergesetz 2019 fanden auch steuerliche Änderungen bezogen auf die Reisekosten Umsetzung.

Was ist bisher möglich gewesen?

- Für eintägige Dienstreisen ohne Übernachtung und einer Abwesenheit von mehr als 8 Stunden konnten bis 31.12.2019 12 Euro steuerfrei ersetzt werden.

- Bei mehrtägigen Dienstreisen mit Übernachtung, das heißt für Kalendertage, an denen Mitarbeiter 24 Stunden abwesend sind, konnte bislang eine Pauschale in Höhe von 24 Euro angesetzt werden.

- Als Vereinfachung galt bisher bei mehrtägigen Dienstreisen für den An- und Abreisetag ein Erstattungssatz von bis zu 12 Euro.

Ab dem 01.01.2020 wurden die Pauschalen für Verpflegungsmehraufwendungen bei einer 24-stündigen Abwesenheit von 24 auf 28 Euro erhöht. Zudem fand eine Anhebung der Pauschalen bei achtstündiger Abwesenheit sowie für An- und Abreisetage von mehrtägigen Abwesenheiten von 12 auf 14 Euro statt.

Darüber hinaus können Arbeitgeber die Verpflegungspauschalen jeweils verdoppeln und den doppelten Betrag mit 25 % steuerlich pauschaliert zur Auszahlung bringen, was zu Sozialversicherungsfreiheit führt. Ist nach Ablauf der Dreimonatsfrist eine steuerfreie Erstattung von Verpflegungsmehraufwendungen nicht mehr möglich, entfällt auch die Option der Pauschalbesteuerung.

Für die Gewährung der Verpflegungspauschalen ist eine sogenannte Dreimonatsfrist zu beachten. Nach drei Monaten ist die steuerfreie Zahlung an ein und denselben Einsatzort nicht mehr zulässig. Allerdings kommt es bei einer vierwöchigen Unterbrechung – unabhängig vom Grund der Unterbrechung – zu einem Neubeginn der Dreimonatsfrist.

Exkurs: Pauschbetrag für Berufskraftfahrer

Bisher konnten Berufskraftfahrer keine Übernachtungspauschbeträge geltend machen, was durch das Jahressteuergesetz 2019 zum 01.01.2020 geändert wurde. Das Gesetz ermöglicht Mitarbeitern, die einer mehrtägigen beruflichen Tätigkeit nachgehen, welche in Verbindung mit einer Übernachtung in einem Kraftfahrzeug des Arbeitgebers steht, acht Euro pro Kalendertag geltend zu machen.

Dabei erfolgt die Pauschale anstelle der tatsächlichen Mehraufwendungen. Zu solchen Aufwendungen zählen Gebühren für die Benutzung von sanitären Einrichtungen auf Raststätten und Autohöfen, also beispielsweise die Nutzung von Toiletten und Dusch- bzw. Waschgelegenheiten.

Auf Basis des BMF-Schreibens vom 04.12.2012 bleibt weiterhin eine Geltendmachung von Aufwendungen, die acht Euro nachweisbar übersteigen, möglich. Voraussetzung ist allerdings eine Entscheidung darüber, ob der Pauschbetrag oder die tatsächlichen Mehraufwendungen einheitlich im Kalenderjahr steuerfrei erstattet werden sollen.

6.1.19 Telefonkosten

6.1.19.1 Überlassung betrieblicher Telekommunikationsgeräte

„Die Privatnutzung betrieblicher ... Telekommunikationsgeräte durch den Arbeitnehmer ist unabhängig vom Verhältnis der beruflichen zur privaten Nutzung steuerfrei."

Beispiel 1: Der neu eingestellte Herr Ehrlich nutzt das ihm überlassene Firmen-Handy in ganz erheblichem Umfang für Privatgespräche.

Arbeitsrechtlich wäre dies selbstverständlich zu verurteilen und zu ahnden. Aus Abrechnungssicht aber verbleibt die private Nutzung von betrieblichen Telekommunikationsgeräten gemäß § 3 Nr. 45 EStG steuer- und damit auch sozialversicherungsfrei.

In vielen Unternehmen werden Betriebsvereinbarungen oder betriebliche Regelungen dazu abgeschlossen, um diese private Nutzung nicht ausufern zu lassen. Arbeits- und datenschutzrechtlich steht das Thema damit auf einem anderen Blatt.

Steuerrechtlich können Arbeitgeber sogar einen betrieblichen Telefonanschluss in deren privaten Umfeld einrichten. Beispielsweise wäre es für den baldigen zweifachen Vater Herrn Ehrlich sicherlich ein attraktives Angebot, wenn er – wenn der zweite Nachwuchs noch sehr klein ist – teils von zu Hause aus tätig werden kann. Der Arbeitgeber kann im gerade neu entstehenden Haus die Einrichtung des Telefonanschlusses auf seine Kosten übernehmen und Herr Ehrlich könnte diesen Telefonanschluss ohne jede Einschränkung privat nutzen.

Die Finanzverwaltung hat in R 3.45 Satz 5 LStR fixiert, dass bei der Überlassung betrieblicher Geräte auch die vom Arbeitgeber getragenen Verbindungsentgelte (Grundgebühr und sonstige laufende Kosten) steuerfrei sind und zwar unabhängig davon, ob der Arbeitgeber Vertragspartner des Telefon- oder Mobilfunkanbieters ist. Ausschlaggebend bleibt also, dass es sich um einen betrieblichen Telefonanschluss handelt. Das heißt, das Telefon, Handy, Smartphone oder Faxgerät muss Eigentum des Arbeitgebers oder von ihm gemietet/geleast worden sein.

Praxistipp

Für die Nutzung des Vorsteuerabzugs ist es erforderlich, dass der Arbeitgeber als Vertragspartner des Mobilfunk- oder Telefonpartners eine Rechnung erhält, die auf sein Unternehmen ausgestellt ist. Diese Grundlagen gelten immer auch für die jeweilige Internetnutzung.

Beispiel 2: Frau Frohsinn verbringt den Großteil ihrer Arbeitszeit mit der Beobachtung von privaten Onlineversteigerungen mittels ihres mit einem Internetanschluss versehenen Büro-PCs. Dieses arbeitsrechtlich absolut zweifelhafte Verhalten ist lohnsteuerlich völlig unproblematisch. Es entsteht kein geldwerter Vorteil, der dem Mitarbeiter belastet werden müsste.

Anders sieht dies bei der Übereignung eines solchen Gegenstandes aus, also wenn der Mitarbeiter der Eigentümer wird. Diese Situation werden wir im →*Kapitel „Computer – Übereignung an Mitarbeiter"* erläutern.

6.1.19.2 Abrechnung der Telefonkosten von privaten Telefongeräten

Gemäß § 3 Nr. 50 EStG kann der Arbeitgeber die Kosten der vom privaten Telefon des Mitarbeiters geführten beruflich veranlassten Telefonate sowie die Kosten für die betrieblich veranlasste Internetnutzung erstatten.

Auslagenersatz aufgrund Einzelnachweis

Kann Ihr Mitarbeiter die Kosten für die beruflichen Gespräche im Einzelnen nachweisen, können neben den anteiligen laufenden auch die anteiligen Grundkosten anhand von Rechnungen und monatlichen Belegen des Telefonanbieters Erstattung finden.

Im Zeitalter von Flatrates wird sich dieser Nachweis allerdings immer schwieriger erstellen lassen und ein Mitarbeiter müsste hier selbst aufzeichnen, wann er berufliche Nutzungen vorgenommen hat. Dies wird sich in der Praxis kaum umsetzen lassen, daher hat der Gesetzgeber hier zwei Vereinfachungen zugelassen.

1. Vereinfachte Nachweisführung

   Arbeitgeber können sich von ihren Mitarbeitern über drei Monate (dies gilt als repräsentativer Zeitraum) eine genaue Aufstellung des Anteils der beruflichen Nutzung privater Telekommunikationsgeräte vorlegen lassen. Dies dürfte auch bei Einsatz einer Flatrate für den Arbeitnehmer zumutbar sein, da er als „Belohnung" die Gelder ja weiterhin steuer- und beitragsfrei erstattet bekommt. Arbeitgeber dürfen die aus diesem Zeitraum ermittelten Zuschüsse nämlich bis zu einer wesentlichen Änderung der Verhältnisse fortführen.

Praxistipp

Arbeitgeber nehmen die Belege des Dreimonatszeitraums unbedingt in die Personalakte des Mitarbeiters auf.

2. Kleinbetragsregelung

Wem auch dies zu komplex ist, der kann die sogenannte Kleinbetragsregelung anwenden. Diese lässt eine steuerfreie pauschale Erstattung unabhängig vom Umfang der beruflichen Nutzung zu. Grundsatz ist, dass Arbeitgeber bis zu 20 % des vom Arbeitnehmer vorgelegten Rechnungsbetrags – höchstens jedoch 20 Euro monatlich – steuerfrei ersetzen können, wenn der Mitarbeiter aufgrund seiner Aufgabenstellung erfahrungsgemäß beruflich telefonieren muss. Für diese Regelung sind die monatlichen Rechnungen wieder für einen Drei-Monats-zeitraum aufzubewahren. Der steuerfreie Ersatz ist ohne weitere Prüfung auch hier bis zu einer Änderung der Verhältnisse – z. B. aufgrund geänderter Berufstätigkeit – möglich.

Gemäß R 3.45 Satz 6 LStR kam es für die Steuerfreiheit nicht darauf an, ob die Vorteile zusätzlich zum ohnehin geschuldeten Arbeitslohn oder aufgrund einer Vereinbarung mit dem Arbeitgeber über die Herabsetzung von Arbeitslohn erbracht werden.

Die neue Zusätzlichkeitserfordernis lässt nun anderes vermuten. Bedeutend schwerwiegender dürfte hier aber ohnehin die Einschätzung durch die Sozialversicherung sein, die bei der Gestaltung der Verträge dies enger betrachtet: Arbeitgeber sollten daher im Arbeitsvertrag klarstellen, dass auf das laufende Arbeitsentgelt zugunsten eines Sachbezugs verzichtet wird, um die Beitragsfreiheit auch für die Sozialversicherung zu realisieren.

6.1.20 Umzugskosten

Wenn ein beruflich veranlasster Umzug vorliegt, kann der Arbeitgeber dem Arbeitnehmer Umzugskosten in Höhe des Betrags steuerfrei ersetzen, der nach dem Bundesumzugskostenrecht gezahlt werden könnte.

Damit der Arbeitgeber die Umzugskosten steuerfrei ersetzen kann, muss

- der Umzug beruflich veranlasst sein,

- die durch den Umzug entstandenen Aufwendungen dürfen nicht überschritten werden und

- die höchstmögliche Umzugskostenvergütung nach dem Bundesumzugskostengesetz darf nicht überschritten werden.

Ein Umzug ist beruflich veranlasst,

- wenn er durch die erstmalige Aufnahme einer beruflichen Tätigkeit, durch einen Wechsel des Arbeitgebers oder durch eine Versetzung bedingt ist;

- wenn durch ihn eine erhebliche Verkürzung der Entfernung zwischen Wohnung und Arbeitsstätte eintritt;

- wenn er im ganz überwiegenden betrieblichen Interesse des Arbeitgebers durchgeführt wird, insbesondere beim Beziehen und Räumen einer Dienstwohnung, die aus betrieblichen Gründen bestimmten Arbeitnehmern vorbehalten ist für die Gewährung deren jederzeitiger Einsatzmöglichkeiten;

- wenn der eigene Hausstand zur Beendigung einer doppelten Haushaltsführung an den Beschäftigungsort hinverlegt wird (die Wegverlegung gilt nicht als beruflich veranlasst, R 9.11 Abs. 9 S. 4 LStR).

Arbeitnehmer erhalten eine Pauschvergütung für sonstige Umzugsauslagen, die nachfolgend aufgelistet ist. Die Auslagen für einen durch den Umzug bedingten zusätzlichen Unterricht der Kinder dürfen ebenfalls in einer bestimmten Höhe pro Kind pauschal erstattet werden.

Umzugs-termin	Betrag für Ledige	Betrag für Verheiratete, Lebenspartner und Gleichge-stellte	Betrag für Kinder und andere Personen (zur häuslichen Gemeinschaft gehörend; mit Ausnahme des Ehegatten oder Lebenspartners)	Auslagen für einen durch den Umzug bedingten zusätzlichen Unterricht der Kinder (Betrag für ein Kind)
Ab 03/2018 bis 03/2019	787 Euro	1.573 Euro	347 Euro	1.984 Euro
Ab 04/2019 bis 02/2020	811 Euro	1.622 Euro	357 Euro	2.045 Euro
Ab 03/2020	820 Euro	1.639 Euro	361 Euro	2.066 Euro

Generell sind die Möglichkeiten zur steuerfreien Unterstützung von Umzügen sehr umfangreich in Deutschland, wenn es sich tatsächlich um betrieblich veranlasste Umzüge handelt.

Wohnungskosten in der Umzugsphase

Im Bereich Wohnungskosten kommen vor allem die Fälle doppelte Mietzahlungen und die Kosten für eine Zwischenunterkunft in Betracht.

- Doppelte Mietzahlungen

  Der Arbeitgeber kann die Miete (inkl. Garagenmiete) für die alte Wohnung bis zu dem Zeitpunkt, zu dem das Mietverhältnis frühestens gekündigt werden kann, höchstens jedoch für sechs Monate, steuerfrei erstatten, wenn der Arbeitnehmer gleichzeitig Miete für die neue Wohnung entrichtet und diese bereits bewohnt (§ 8 Abs. 1 BUKG).

  Der Arbeitgeber kann die Miete (inkl. Garagenmiete) für die neue Wohnung bis zu drei Monate steuerfrei erstatten, wenn noch Miete für die alte Wohnung gezahlt wird, weil die neue Wohnung noch nicht bezugsfertig ist (§ 8 Abs. 2 BUKG).

- Kosten für eine Zwischenunterkunft

  Häufig ist bei internationalen Mitarbeiterentsendungen eine Zwischenunterkunft vor Bezug der eigentlichen Wohnung nötig, da diese erst nach Ankunft im Tätigkeitsstaat ausgewählt oder bezugsfertig wird.

Wurde der eigene Hausstand bereits aufgegeben und ist eine neue Wohnung am Beschäftigungsort noch nicht vorhanden, stellt die Zwischenunterkunft (z. B. Hotel) die einzige Wohnung des Arbeitnehmers dar. Die Überlassung durch den Arbeitgeber bzw. die Erstattung der Kosten ist in diesem Fall grundsätzlich nur steuerpflichtig möglich. Denn eine doppelte Haushaltsführung liegt dann nicht vor. Eine steuerfreie Erstattung käme allenfalls in Betracht, solange die bisherige Wohnung noch nicht aufgegeben wurde. In diesem Fall könnte die Zwischenunterkunft nach Dienstreisegrundsätzen oder im Rahmen einer doppelten Haushaltsführung steuerfrei erstattet werden.

Die folgende Übersicht fasst die Kosten für steuerfreie Umzugs-
kostenerstattung im Inland zusammen.

- Beförderungsauslagen (Spediteur etc.) und Lagerkosten laut Belegen

- Fahrtkosten mit eigenem Pkw (... km x 0,30 Euro)

- Reisekosten

- Wohnungssuche bzw. -besichtigung, Schlüsselübergabe: **höchstens zwei Reise- und zwei Aufenthaltstage** je Reise für zwei Reisen einer Person oder eine Reise zweier Personen (auch bei vergeblicher Suche)

  - Verpflegungsmehraufwand

  - Übernachtung (nach Einzelnachweis oder pauschal mit 20 Euro pro Nacht)

  - Fahrtkosten (... km x 0,30 Euro)

- Aufwendungen zur Vorbereitung und Vornahme des Umzugs

  - Verpflegungsmehraufwand

  - Übernachtung

  - Fahrtkosten (... km x 0,30 Euro)

Praxistipp

Arbeitgeber sollten sich Angaben, aus denen sich die Reisekosten ermitteln lassen, schriftlich vom Arbeitnehmer geben lassen und diese zu den Lohnunterlagen nehmen.

- Doppelte Mietzahlungen

  - für die alte Wohnung bis zu 6 Monate (auch Garagenmiete), wenn gleichzeitig Miete für die neue Wohnung entrichtet und die neue Wohnung bewohnt wird

  - für die neue Wohnung bis zu 3 Monate, wenn gleichzeitig Miete für die alte Wohnung entrichtet und die alte Wohnung bewohnt wird

  - Aufwendungen für die Weitervermietung der bisherigen Wohnung an einen Nachmieter – bis zu einer Monatsmiete

- Sonstige Kosten der Wohnungssuche

  - Maklerkosten für Mietobjekt (nicht erstattungsfähig für Vermittlung von Hauskauf oder Eigentumswohnung)

  - Inseratsaufwendungen und Telefonkosten

Praxistipp

Lassen Sie sich alle Rechnungen aushändigen und nehmen Sie diese zu den Lohnunterlagen.

Auslandsumzüge

Wenn ein beruflich veranlasster Auslandsumzug vorliegt, kann der Arbeitgeber dem Arbeitnehmer Umzugskosten in Höhe des Betrags steuerfrei ersetzen, der nach der Auslandsumzugskostenverordnung (Verordnung über die Umzugskostenvergütung bei Auslandsumzügen) gezahlt werden könnte. **§ 18 Auslandsumzugskostenverordnung** regelt die Umzugspauschale. Dabei wird nach Auslandsumzügen innerhalb der Europäischen Union und Auslandsumzügen außerhalb der Europäischen Union unterschieden. Für die Höhe wird Bezug genommen auf das Grundgehalt der Stufe 8 der Besoldungsgruppe A13. Da Beamte regelmäßig eine Lohnerhöhung bekommen, gibt es entsprechende Änderungen.

§ 19 Auslandsumzugskostenverordnung regelt die Ausstattungspauschale.

§ 20 Auslandsumzugskostenverordnung regelt die Einrichtungspauschale.

Es gibt sogar eine Pauschale für klimagerechte Kleidung (**§ 21 Auslandsumzugskostenverordnung**). Diese wird bei einem Klima gewährt, das vom mitteleuropäischen Klima erheblich abweicht.

Die Auslagen für einen durch den Umzug bedingten zusätzlichen Unterricht der Kinder sind in **§ 22 Auslandsumzugskostenverordnung** geregelt.

6.1.21 Weiterbildungsmaßnahmen

Die Arbeitswelt wandelt sich rapide, die Geschwindigkeit von Innovationen nimmt zu. Produkte und neue Technologien werden immer schneller eingeführt. Märkte und Kundenwünsche verändern sich. In vielen Branchen ist Fachwissen schon innerhalb kürzester Zeit überholt. Das heißt für Arbeitnehmerinnen und Arbeitnehmer, sie müssen ihre Kompetenzen und Qualifikationen ständig weiterentwickeln und sich schnell neues Wissen aneignen.

Für die Zukunft des Unternehmens vorzubeugen heißt, betriebsspezifisches Fach- und Erfahrungswissen zu sichern und dafür zu sorgen, dass es zwischen den Generationen und an neue Beschäftigte weitergegeben wird. Die dafür notwendigen Fort- und Weiterbildungsmaßnahmen können Arbeitnehmern steuerfrei ohne Begrenzung gewährt werden.

Vielfach mag dies nicht als Besonderheit angesehen werden. Oftmals werden aber gerade Weiterbildungsmaßnahmen nicht ausreichend gefördert und können daher eine große Wirkung in der Klaviatur der Bindungsmittel besitzen. Gerade für Mitarbeiter, die erst den Einstieg in das Berufsleben suchen, kann dies eine große Motivation sein. Auch sollte nicht unterschätzt werden, welche Bedeutung kleinere Weiterbildungen wie die Aktualisierung der Excel-Kenntnisse oder ein Word-Kurs entfalten können. Neben der Bedeutung für den beruflichen Alltag des Mitarbeiters beschleunigen solche Maßnahmen oftmals auch dessen Arbeitstempo und kommen daher allen Beteiligten zu Gute.

Diese berufliche Weiterbildung wird steuerlich weiter entlastet. Bislang waren nur Weiterbildungen an den Arbeitnehmer steuerfrei, sofern der betriebliche Nutzen des Arbeitgebers im Fokus stand. Rückwirkend ab 01.01.2019 bleiben auch Weiterbildungen, die nicht arbeitsplatzbezogen sind, aber im Allgemeinen zur Verbesserung der Beschäftigungsfähigkeit des Mitarbeiters beitragen, steuerfrei.

Praxistipp

In der Vergangenheit war die Gewährung eines Kostenzuschusses zu einer betrieblichen Weiterbildungsmaßnahme steuerfrei, wenn diese durch eine Bindungsvereinbarung bestätigt wurde, die vor dem Beginn der Weiterbildungsmaßnahme geschlossen wurde und diese nicht an ein erfolgreiches Bestehen geknüpft war. Diese Voraussetzungen sind nun gefallen und bereits vorgenommene Versteuerungen können rückgängig gemacht werden.

Vorsicht: Die Sozialversicherung lässt Korrekturen für das Jahr 2019 nur bis 29.02.2020 zu.

6.1.22 Werbeflächenvermietung auf privaten Pkws

Mit dem Begriff der „Werbeflächenvermietung" bringen viele Mitarbeiter große Beklebungen auf den Seiten ihres Autos in Verbindung und stehen diesen Maßnahmen daher erst einmal wenig positiv gegenüber. In der Vergangenheit war es oftmals ausreichend, auf dem privaten Pkw auf der Rückseite neben dem Nummernschild Aufkleber mit der Firmenbezeichnung des Arbeitgebers anzubringen. Diese Regelung ermöglichte es, den Mitarbeitern monatlich einen Zuschuss von bis zu 21 Euro netto zukommen zu lassen. Dies erforderte neben der Bereitschaft des Mitarbeiters eine vertragliche Regelung mit diesem und konnte dann aber ohne größere Vorlaufzeiten umgesetzt werden.

Die Finanzämter stehen diesen Ansätzen zunehmend negativ gegenüber und sehen darin keine steuerfreien Maßnahmen mehr, da die werbliche Wirkung mit einem solchen Aufkleber nicht wirklich nachweisbar erzielt werden kann und insbesondere der sogenannte Drittvergleich hier fehlt, d. h. das Angebot wird nur den Arbeitnehmern des Unternehmens unterbreitet, nicht aber Fremden Dritten, die keinen Bezug zum Unternehmen aufbringen. Zweite Herausforderung war hier oftmals die Wahl der Werbeträger, da Mitarbeiter nicht immer werbewirksame Autos fuhren, z. B. Luxus-Pkw oder aber im Gegenzug ein rostiger Pkw wären evtl. Ansätze, die ein Unternehmen nicht als werbliche Objekte nutzen möchte, um keine Interpretation zum Unternehmen aufkommen zu lassen.

Praxistipp

Wir würden von der Anwendung dieses Ansatzes dringend
abraten.

Rechtlich ist nach wie vor als Grundlage der Abschluss eines
sogenannten Werbeflächenmietvertrages nötig, da die Thematik eigentlich nicht aus dem Lohnsteuer-Umfeld kommt. Generell sollte diese Maßnahme nicht mehr in Anwendung gebracht
werden oder nur bei Vorlage einer aktuellen Stellungnahme des
zuständigen Betriebstättenfinanzamtes.

Hauptproblem an dieser Thematik ist, dass eine Anrufungsauskunft hier nur begrenzt zielführend ist: die meisten Finanzämter
sahen diesen Themenblock bis dato im Bereich der Vermietung
und Verpachtung und nicht im Lohnbereich. Damit erhält man
im Rahmen einer Anrufungsauskunft nur die Stellungnahme,
dass das Finanzamt für das Thema nicht zuständig ist, also weder eine offizielle Genehmigung noch Ablehnung.

6.1.23 Werkzeuggelder

Unter Werkzeuggeld versteht man Entschädigungen für die betriebliche Benutzung von eigenen Werkzeugen eines Arbeitnehmers, z. B. eines Kochs für die Nutzung seiner eigenen Messer.
Die Anschaffungskosten dürfen je Werkzeug allerdings nicht
höher als 410 Euro ohne Mehrwertsteuer sein („geringwertiges
Wirtschaftsgut").

Als Werkzeuge sind allgemein nur Handwerkzeuge anzusehen, die zur leichteren Handhabung, zur Herstellung oder zur
Bearbeitung eines Gegenstands oder zur Erbringung einer
Dienstleistung verwendet werden. Musikinstrumente und deren

Einzelteile gehören ebenso wie Schreibmaschinen und Personalcomputer o. ä. **nicht** dazu.

Betriebliche Nutzung liegt auch dann vor, wenn die Werkzeuge im Rahmen des Dienstverhältnisses außerhalb einer Betriebsstätte des Arbeitgebers eingesetzt werden, z. B. auf einer Baustelle. Ohne Einzelnachweis sind pauschale Entschädigungen für die betriebliche Benutzung eigenen Werkzeugs des Arbeitnehmers bis 410 Euro netto ohne Umsatzsteuer pro Kalenderjahr steuer- und beitragsfrei, soweit sie die tatsächlichen Aufwendungen des Arbeitnehmers für Anschaffung und Instandhaltung nicht übersteigen.

6.1.24 Wohnungsüberlassung

Seit dem 01.01.2020 muss unter bestimmten Voraussetzungen kein geldwerter Vorteil mehr bei der verbilligten Überlassung von Wohnungen an Arbeitnehmer angesetzt werden. Bei der verbilligten oder kostenlosen Überlassung einer Wohnung handelt es sich grundsätzlich um einen geldwerten Vorteil (Sachbezug), der dem Lohnsteuerabzug unterliegt. Ist der Arbeitnehmer sozialversicherungspflichtig, fallen zusätzlich Arbeitnehmer- und Arbeitgeberanteile zur Sozialversicherung an.

Der steuerpflichtige geldwerte Vorteil aus der Überlassung einer Wohnung ist mit dem „um übliche Preisnachlässe geminderten üblichen Endpreis", also dem ortsüblichen Mietpreis, zu bewerten (§ 8 Abs. 2 Satz 1 EStG). Nach der Rechtsprechung des BFH ist jeder Mietwert als ortsüblich anzusehen, den der Mietspiegel im Rahmen einer Spanne zwischen mehreren Mietwerten für vergleichbare Wohnungen ausweist (BFH, Urteil vom 11.05.2011, Az. VI R 65/09). Der Arbeitgeber darf den Vergleichswert also anhand der unteren Spanne des Mietspiegels ermitteln.

Mit dem neuen Bewertungsabschlag in § 8 Abs. 2 Satz 12 EStG unterbleibt seit dem 01.01.2020 der Ansatz eines Sachbezugs, soweit die vom Arbeitnehmer gezahlte „Miete" mindestens zwei Drittel des ortsüblichen Mietwerts beträgt. Weitere Voraussetzung ist, dass der ortsübliche Mietwert nicht mehr als 25 Euro je Quadratmeter ohne umlagefähige Kosten im Sinne der Verordnung über die Aufstellung von Betriebskosten beträgt.

Hinweis

Da es in der Sozialversicherungsentgeltverordnung dazu keine Regelung gibt, bleibt der geldwerte Vorteil in der Sozialversicherung aus heutiger Sicht beitragspflichtig. Dies wurde so auch durch die Spitzenorganisationen in der Sozialversicherung, Besprechungsergebnis vom 20.11.2019, TOP 4 bestätigt.

Kriterium „Überlassung einer Wohnung"

§ 8 Abs. 2 Satz 12 EStG verlangt, dass der Arbeitgeber dem Arbeitnehmer eine Wohnung zu eigenen Wohnzwecken überlässt. Begünstigt ist folglich nur die Überlassung einer Wohnung, nicht aber einer Unterkunft.

Eine Wohnung ist eine geschlossene Einheit von Räumen, in denen ein selbstständiger Haushalt geführt werden kann. Es müssen vorhanden sein

- eine Wasserver- und -entsorgung,
- eine Küche oder entsprechende Kochgelegenheit und
- eine Toilette (R 8.1 Abs. 6 LStR).

Eine Wohnung unterscheidet sich von einer Unterkunft dadurch, dass bei einer Unterkunft Räume wie Küchen, Toiletten und Bäder von anderen Personen mitbenutzt werden können (Gemeinschaftsküchen, Etagenbäder in Wohnheimen).

Der Arbeitgeber muss nicht der Eigentümer der Wohnung sein. Es reicht, wenn er die Wohnung angemietet hat oder wenn ihm die Wohnungen aufgrund von Belegungsrechten zur Verfügung stehen und er sie verbilligt an Mitarbeiter vermietet.

Kriterium „verbilligte Überlassung"

Der Arbeitgeber muss die Wohnung verbilligt überlassen. Zu billig vermieten darf er aber auch nicht. Damit der Arbeitnehmer den geldwerten Vorteil nicht mehr versteuern muss, muss der Arbeitgeber ein Entgelt von mindestens zwei Drittel des ortsüblichen Mietwerts (inkl. umlagefähiger Kosten) verlangen.

Der Bewertungsabschlag beträgt also ein Drittel vom ortsüblichen Mietwert (z. B. der niedrigste Mietwert der Mietpreisspanne des Mietspiegels für vergleichbare Wohnungen zuzüglich der nach der BetrKV umlagefähigen Kosten, die konkret auf die überlassene Wohnung entfallen). Die nach Anwendung des Bewertungsabschlags ermittelte Vergleichsmiete ist Bemessungsgrundlage für die Bewertung der Mietvorteile. Das vom Arbeitnehmer tatsächlich gezahlte Entgelt (tatsächlich erhobene Miete und tatsächlich abgerechnete Nebenkosten) für die Wohnung ist auf den Mietvorteil anzurechnen.

Wichtig: Bei möblierten Wohnungen lässt sich der ortsübliche Mietwert oft nur schwer ermitteln, da Mietspiegel im Regelfall nur unmöblierte Wohnungen enthalten.

Kriterium „Obergrenze von 25 Euro je Quadratmeter"

Das Gesetz sieht eine feste Mietobergrenze von 25 Euro je Quadratmeter vor. Sie bezieht sich auf den ortsüblichen Mietwert ohne die nach der BetrKV umlagefähigen Kosten. Die Mietobergrenze soll verhindern, dass Luxuswohnungen steuerbegünstigt vermieten werden. Beträgt die ortsübliche Kaltmiete mehr als 25 Euro/qm, ist der Bewertungsabschlag nicht anzuwenden.

6.2 Pauschalbesteuerte Lohnbestandteile

6.2.1 Computer – Übereignung an Mitarbeiter

Schenkt das Unternehmen seinem Mitarbeiter einen PC, ist dies im Gegensatz zur (leihweisen) Überlassung nicht steuerfrei möglich. Der entstehende geldwerte Vorteil kann aber mit 25 % pauschal versteuert werden.

Dies gilt für Hardware, Software (auch Updates) und Zubehör sowie für den zum Betrieb nötigen Internetanschluss und die daraus resultierenden Gebühren. Details →*Kapitel „Internet – Erstattung von Kosten an den Mitarbeiter"*.

6.2.2 Erholungsbeihilfen

Zuwendungen zu Erholungsreisen oder Erholungsaufenthalten zur Kräftigung oder Erhaltung der Gesundheit im Allgemeinen sind steuerpflichtiger Arbeitslohn. Dieser kann aber mit einem festen Pauschsteuersatz von 25 % pauschaliert werden. Ein besonderer Antrag des Arbeitgebers beim Finanzamt ist hierfür nicht erforderlich. Zusätzlich zur Lohnsteuer fällt der Solidaritätszuschlag an, der 5,5 % der pauschalen Lohnsteuer beträgt. Außerdem muss der Arbeitgeber pauschale Kirchensteuer abführen.

Es ist für die Pauschalierung nicht erforderlich, dass Erholungsbeihilfen einer größeren Zahl von Arbeitnehmern gewährt werden. Der Arbeitgeber kann also die Lohnsteuer auch dann mit
25 % pauschalieren, wenn er nur einem Arbeitnehmer – z. B.
einem leitenden Angestellten – eine Erholungsbeihilfe zahlt.
Voraussetzung für die Pauschalierung ist allerdings, dass die
Beihilfen insgesamt in einem Kalenderjahr 156 Euro für den
einzelnen Arbeitnehmer, 104 Euro für dessen Ehegatten/einge-
tragenen Lebenspartner und 52 Euro für jedes Kind nicht übersteigen. Geschieht dies doch, werden die Erholungsbeihilfen in
vollem Umfang steuer- und sozialversicherungsbeitragspflichtig.

Die mit dem festen Pauschsteuersatz von 25 % besteuerten Erholungsbeihilfen sind beitragsfrei in der Kranken-, Pflege-, Ren-
ten- und Arbeitslosenversicherung.

Wichtig: Sie benötigen für die Leistung von Erholungsbeihilfen
keinen echten Nachweis eines Kuraufenthaltes, müssen aber
sicherstellen, dass die Erholungsbeihilfe auch tatsächlich für
Erholungszwecke verwendet wird. Dieses Ansinnen unterstützt
der Gesetzgeber, wenn die Erholungsbeihilfe in zeitlichem Zusammenhang mit einer Erholungsmaßnahme, also z. B. Urlaub
geleistet wird. Ein zeitlicher Zusammenhang besteht, wenn der
Urlaub binnen drei Monaten vor oder nach der Auszahlung der
Erholungsbeihilfe angetreten wird. Dabei ist unerheblich, ob
der Urlaub im Ausland oder zu Hause verbracht wird.

Im Vorstellungsgespräch könnte unserem potenziellen Kandidaten Herrn Ehrlich Folgendes angeboten werden: Er erhält neben seinen festen verhandelten Bezügen jährlich im Sommer
eine Erholungsbeihilfe in Höhe von 312 Euro, die sich wie folgt
zusammensetzt:

- 156 Euro für Herrn Ehrlich,

- 104 Euro für seine Gattin,

- 52 Euro für jedes seiner Kinder.

Die Pauschalierung übernehmen übernimmt der Arbeitgeber, da eine Bruttozahlung dieses Betrages auch mit ca. 20 % Sozialversicherungskostenanteile belastet würde. Herr Ehrlich erhält dieses Geld also netto ausgezahlt.

Praxistipp

Wichtig und eindeutig klar aber muss werden: Die Erholungsbeihilfe wird nicht als Ersatz für eine Sonderzahlung gewährt, sondern wird zusätzlich oder anstelle einer bis dato gewährten Sonderzahlung nun zum Einsatz gebracht. Die Anforderungen an die Nachweiserbringung der Erholungsbeihilfe steigen dabei zunehmend an, also die Nachweiserbringung, dass der Mitarbeiter tatsächlich im Urlaub war bzw. diese Zeit als Erholung genutzt hat.

6.2.3 Fahrtkostenzuschüsse

Seit Wegfall der Steuerbefreiungsvorschrift im Jahr 2004 stellte die kostenfreie oder verbilligte Überlassung eines sog. „Job-Tickets" grundsätzlich einen steuerpflichtigen geldwerten Vorteil dar. Die Anwendung der 44 Euro-Freigrenze könnte zu Steuerfreiheit führen, wenn das Ticket weniger als 44 Euro monatlich kostet.

Seit 01.01.2019 kehrt man wieder zurück zur Steuerbefreiungsvorschrift für Fahrten zwischen Wohnung und erster Tätigkeitsstätte. Die Fahrten müssen mit öffentlichen Verkehrsmitteln im Linienverkehr (ohne Luftverkehr) durchgeführt werden. Die

Steuerbefreiung gilt also u. a. nicht bei Benutzung eines Taxis, Mietwagens oder Pkws (eigener Pkw oder Firmenwagen).

Darüber hinaus können Fahrtkostenzuschüsse weiterhin mit 15 % Pauschalversteuerung angesetzt werden, wenn sie den Vorgaben des Werbekostenabzuges entsprechen. Für die Ermittlung der pauschalierungsfähigen Fahrtkostenzuschüsse gilt folgende Faustformel bei Vollbeschäftigung:

15 Tage x Anzahl einfache Kilometer von Wohnort zur Tätigkeitsstätte x 0,30 Euro

Beispiel: Herr Klug wohnt 40 Kilometer von seiner eventuellen neuen Tätigkeitsstätte entfernt.

Damit kann der Arbeitgeber ihm 15 Tage x 40 km x 0,30 Euro = 180 Euro monatlich pauschalierten Fahrtkostenzuschuss bezahlen.

Denkbar ist auch eine höhere Auszahlung. Dabei müssten dann die 180 Euro pauschaliert und die weiteren Beträge voll steuer- und beitragspflichtig ausgezahlt werden.

Im Rahmen der Pauschalierung sind hier einige weitere „Spielmöglichkeiten" denkbar.

Der Arbeitgeber könnte Herrn Klug die Fahrtkosten in Höhe von 180 Euro netto überlassen und die Pauschalsteuer selbst abführen.

Alternativ könnte der Arbeitgeber die Pauschalsteueranteile auf Herrn Klug „abwälzen". Herr Klug müsste aus den 180 Euro bei Bruttogewährung Lohnsteuer entsprechend der Lohnsteuertabellen und darüber hinaus Sozialversicherungsanteile in Höhe von ca. 20 %, also 36 Euro zahlen. Bei Abwälzung der Pauschalsteuer auf ihn entfielen die „normale" Lohnsteuer und die Sozialversicherung und Herr Klug hätte die pauschale Lohnsteuer in Höhe von 30,65 Euro zu zahlen, die sich wie folgt ermittelt:

180 Euro, davon 15 % Pauschalsteuer = 27 Euro, davon

5,5 % Soli-Zuschlag = 1,49 Euro und

8 % Kirchensteuer = 2,16 Euro.

Denkbar wäre auch die Anwendung der pauschalierten Kirchensteuersätze, die ja reduziert sind und vom jeweiligen Wohnort/ Bundesland des Mitarbeiters abhängig sind.

Herr Klug würde also selbst bei der Abwälzung der Pauschalsteuer davon profitieren und der Arbeitgeber ebenfalls.

Praxistipp

Da die tatsächlichen Fahrtkosten für öffentliche Verkehrsmittel grundsätzlich in voller Höhe als Werbungskosten abziehbar sind, können sie in voller Höhe pauschaliert werden. Dafür müssen dann aber die entsprechenden Nachweise zum Lohnkonto genommen werden.

Ab dem 01.01.2020 wurde eine weitere Pauschalbesteuerung bei Job-Tickets eingeführt mit dem Unterschied, dass keine Anrechnung auf die Entfernungspauschale erfolgt. Nach § 40 Abs. 2 Satz 2 und 3 EStG können Job-Tickets alternativ mit 25 % pauschal besteuert werden. Die pauschal besteuerten Bezüge verbleiben damit sozialversicherungsfrei.

Hintergrund hierfür ist, dass Mitarbeiter ein Job-Ticket beziehen können, ohne einen steuerlichen Nachteil beim Werbungskostenabzug zu spüren. Dies soll dazu führen, dass vor allem Mitarbeiter, die öffentliche Verkehrsmittel eher selten nutzen, ihr Mobilitätsverhalten überdenken und somit vom Auto zu Bus und Bahn wechseln.

Mitarbeiter erschließen also durch die neue Rechtsprechung eine Minimierung ihrer steuerlichen Nachteile. Doch auf Arbeitgeberseite steht ein höherer finanzieller Aufwand entgegen, was nicht unbedingt zur eigentlichen Zielerreichung beiträgt. Einige werden vermutlich weiterhin die steuerfreie Gewährung eines Job-Tickets bevorzugen, da diese finanziell günstiger für den Arbeitgeber erscheint.

6.2.4 Firmenwagen zur privaten Nutzung

Grundsätzlich sind Firmenwagen lange Jahre den Führungskräften vorbehalten gewesen, da sie innerhalb des Unternehmens auch als eine Art Statussymbol galten. Wer einen Firmenwagen vom Arbeitgeber erhielt, der war „etwas Besonderes". Dieses Bild verschwimmt heute immer mehr, da die Überlassung eines Firmenwagens in ganz besonderer Weise dazu geeignet ist, einen Mitarbeiter zu binden.

Kehren wir zurück zu unserer Bewerberin Frau Frohsinn, die sich bis dato noch kein eigenes Auto leisten konnte und auch jetzt nicht die Möglichkeit hat, einen Gebrauchtwagen zu erwerben, da ihr das dazu nötige Startkapital fehlt. Ein Leasingvertrag wäre eventuell eine Option, aber Frau Frohsinn schreckt vor der Schufa-Prüfung zurück.

Sie erhält von ihrem Arbeitgeber folgendes Angebot: Neben einem Monatseinkommen von Betrag X erhält sie die Möglichkeit, über die Firma ein Auto zu leasen. Der Leasingvertrag läuft über den Arbeitgeber. Frau Frohsinn zahlt die Leasingraten aus ihrem Bruttoentgelt an den Arbeitgeber und versteuert dafür den Firmenwagen.

Dabei gibt es zwei Möglichkeiten der steuerlichen Bewertung:

- die individuelle Nutzungswertermittlung (Fahrtenbuch, Belege) und
- die pauschale Nutzungswertermittlung (1 %-Regelung).

Praxistipp

Die Bewertungsmethode darf innerhalb eines laufenden Kalenderjahres nicht gewechselt werden. Der Arbeitnehmer kann im Veranlagungsverfahren (Einkommensteuer-Erklärung) die vom Lohnsteuerabzugsverfahren abweichende Methode ansetzen.

6.2.4.1 Individuelle Nutzungswertermittlung

Bei der individuellen Nutzungswertermittlung werden die auf private Nutzung und die Nutzung zu Fahrten zwischen Wohnung und erster Tätigkeitsstätte entfallenden gesamten Kraftfahrzeugaufwendungen anhand der Belege und eines ordnungsgemäßen Fahrtenbuchs zu den übrigen Fahrten ins Verhältnis gesetzt.

Zu den Gesamtkosten zählen:

- Treibstoff-, Reparatur-, Ersatzteil-, Wartungs- und Pflegekosten inkl. Umsatzsteuer,
- Versicherung,
- Kfz-Steuer,

- Absetzung für Abnutzung (AfA) (anzusetzen sind die tatsächlichen Anschaffungskosten inkl. Umsatzsteuer verteilt auf acht Jahre, bei Gebrauchtwagen entsprechend weniger) bzw.

- Leasingrate.

Nicht zu den Gesamtkosten zählen Straßenbenutzungsgebühren (Vignetten, Maut) sowie die Kosten für den Kfz-Schutzbrief.

Größte Bedeutung kommt allerdings bei diesem Verfahren der ordnungsgemäßen Führung des Fahrtenbuches zu. Ein ordnungsgemäßes Fahrtenbuch muss folgende Details enthalten:

- Datum und km-Stand zu Beginn und am Ende jeder einzelnen Auswärtstätigkeit (z. B. Dienstreise),

- Reiseziel und bei Umwegen auch die Reiseroute,

- Reisezweck und aufgesuchte Geschäftspartner.

Es bestehen zwar gewisse gesetzliche Aufzeichnungserleichterungen. Diese sind aber den Privatfahrten (nur gefahrene km sind anzugeben) sowie den Fahrten zwischen Wohnung – erster Tätigkeitsstätte vorbehalten bzw. gelten nur für besondere Berufsgruppen, z. B. Kundendienstmonteure, Taxifahrer, Fahrlehrer, sicherheitsgefährdete Personen oder Berufsträger (Rechtsanwälte, Steuerberater).

Hinweis

Der Begriff „Buch" ist wörtlich zu nehmen. Einzelblätter werden von den Finanzbehörden nicht anerkannt. Auch Aufzeichnungen in Excel müssen mit einem System geführt werden, das keine nachträglichen Änderungen mehr an den Eintragungen zulässt bzw. diese Änderungen dokumentiert.

Ein Fahrtenbuch darf dabei **nie** auf einen repräsentativen Zeitraum beschränkt werden. Es muss **lückenlos** und **zeitnah** geführt werden, d. h. der Arbeitgeber sollte sich die Fahrtenbücher regelmäßig vorlegen lassen.

Beispiel individuelle Nutzungswertermittlung:

Ein Arbeitgeber bezahlt für einen Firmenwagen 24.000 Euro inkl. MwSt und überlässt diesen einem Mitarbeiter auch zur privaten Nutzung.

Der Arbeitnehmer weist anhand eines ordnungsgemäßen Fahrtenbuchs nach, dass er im Jahr 2019 insgesamt 24.000 km gefahren ist, wovon 4.800 km auf private Fahrten und weitere 4.800 km (tatsächlich gefahrene km) auf Fahrten zwischen Wohnung und erster Tätigkeitsstätte entfallen.

Der Pkw verursachte im Jahr 2019 belegte Kosten für Versicherung, Kfz-Steuer, Kraftstoffe und Wartungsarbeiten von insgesamt 3.000 Euro inkl. MwSt.

Ermittlung der Gesamtkosten pro km:

AfA: 24.000 Euro : 8 Jahre =	3.000 Euro
Treibstoff, Versicherung etc. =	3.000 Euro
	6.000 Euro
6.000 Euro : 24.000 km = 0,25 Euro/km	
Ermittlung des zu versteuernden Betrages:	
Privatfahrten: 4.800 km x 0,25 Euro =	1.200 Euro
Fahrten W-T: 4.800 km x 0,25 Euro =	1.200 Euro
	2.400 Euro

2.400 Euro : 12 Monate = 200 Euro GWV pro Monat

Problematisch ist dabei, dass die Gesamtkosten erst nach Ablauf des Jahres in tatsächlicher Höhe feststehen. Daher ist es sinnvoll, die Werte des Vorjahres oder 1 % des Bruttolistenpreises für die laufende Abrechnung zugrunde zu legen und erst nach Vorlage aller Angaben diese zu berichtigen.

Diese Methode birgt aber aufgrund des Überwachungsaufwandes der Fahrtenbücher, der durchzuführenden Berechnungen sowie der Nachberechnungen für das Unternehmen einen gewissen zeitlichen Aufwand und aufgrund des Risikos der Nicht-Anerkennung der Fahrtenbücher eine weitere unsichere Komponente und ist in der Praxis daher nicht einfach umzusetzen. Wir würden daher aus der Erfahrung heraus eher die pauschale Nutzungswertermittlung empfehlen.

6.2.4.2 Pauschale Nutzungswertermittlung

Da die pauschale Nutzungswertermittlung keine Fahrtenbuchführung benötigt und die Ermittlung der Gesamtkosten entfällt, ist diese wesentlich einfacher umzusetzen.

Das Steuerrecht unterscheidet dabei vier verschiedene Sätze für die Ermittlung des geldwerten Vorteils aus der Privatnutzung von Firmen-Pkw:

- 1 % für Privatnutzung,

- 0,03 % für Fahrten Wohnung – Tätigkeitsstätte,

- 0,002 % für Familienheimfahrten/mehrere Tätigkeitsstätten,

- 0,001 % für gelegentliche Nutzung.

Dabei beziehen sich die Prozentsätze jeweils auf den sog. Bruttolistenpreis (BLP), also die auf volle 100 Euro nach unten abgerundete inländische unverbindliche Preisempfehlung des Herstellers für das genutzte Kfz im Zeitpunkt der Erstzulassung zzgl. der Kosten für Sonderausstattungen und zzgl. der Umsatzsteuer.

Praxistipp

Auch für gebrauchte Fahrzeuge muss der Neupreis bei der Ermittlung des geldwerten Vorteils angesetzt werden.

Herausgerechnet werden dürfen aus dem Bruttolistenpreis ausschließlich folgende Bestandteile:

- Wert eines Autotelefons einschl. Freisprecheinrichtung,

- Wert eines zweiten Satzes Reifen einschl. Felgen,

- Überführungskosten,

- Zulassungskosten (Verwaltungsgebühren, Nummernschilder, Kosten für Kfz-Brief).

Nicht herausgerechnet werden dürfen

- (Großkunden-)Rabatte/Mengennachlässe,
- Aufwendungen für Diebstahlsicherungssysteme,
- Navigationsgeräte,
- Standheizungen, wenn nicht nachträglich eingebaut.

Beispiel Fahrzeugrechnung pauschaler Ansatz:

Pkw	19.990,00 Euro
Klimaautomatik	1.230,00 Euro
Businesspaket (inkl. Navi)	3.200,00 Euro
Alarmanlage	990,00 Euro
Handyvorbereitung	380,00 Euro
	25.790,00 Euro
- 17 % Großkundenrabatt	4.384,30 Euro
	21.405,70 Euro
+ 19 % MwSt	4.067,08 Euro
Gesamtpreis	25.472,78 Euro

Der Bruttolistenpreis berechnet sich daraus wie folgt:

	25.790,00 Euro
– Handy-Vorbereitung	380,00 Euro
	25.410,00 Euro
+ 19 % MwSt	4.827,90 Euro
	30.237,90 Euro

Anzusetzen sind also 30.200 Euro (auf volle 100 Euro abgerundet).

Praxistipp

In den aktuellen Lohnsteuerprüfungen lassen sich die Steuerprüfer mittlerweile auch die Fahrgestellnummer der Firmenwägen mitteilen. Diese Daten sind für viele Unternehmen gar nicht einfach zur Verfügung zu stellen. Anhand dieser Werte kann seitens des Finanzamtes eine genaue Zuordnung des Bruttolistenpreises bzw. dessen Überprüfung vorgenommen werden.

Der Prüfer schaut sich in der gängigen Schwacke-Liste den Preis des Firmenwagens an und gleicht ab, ob der angewandte Bruttolistenpreis hier überhaupt seine Richtigkeit entfalten kann. Hier kam es im vergangenen Jahr zu erheblichen Nachversteuerungen in zahlreichen Unternehmen.

6.2.4.2.1 Private Nutzung nach der 1 %-Methode

Der geldwerte Vorteil aus der Privatnutzung eines Firmen-Pkw ist für jeden Kalendermonat der Privatnutzung mit 1 % des Bruttolistenpreises zu versteuern.

Beispiel: BLP 29.400 Euro x 1 % = 294 Euro GWV monatlich

Kürzungen der Werte, z. B.

- wegen einer Werbebeschriftung des Pkw,
- wegen eines privaten Zweitfahrzeugs des Arbeitnehmers,
- wegen Übernahme der Treibstoffkosten,
- wegen einer eingeschränkten Privatnutzung (z. B. Verbot von Auslands- und/oder Urlaubsfahrten),

- wegen einer sehr geringen Privatnutzung

sind nicht zulässig.

Hinweis

Auch ein Mietwagen, der einem Arbeitnehmer zur privaten
Nutzung überlassen wird (z. B. sog. „Interimsfahrzeuge"),
muss versteuert werden. Den Bruttolistenpreis erhält man
auf Anforderung von der Mietwagengesellschaft.

Kein geldwerter Vorteil fällt hingegen an, wenn ein Arbeitnehmer einen Mietwagen mit nach Hause nimmt, um unmittelbar
von dort aus eine Dienstreise zu beginnen oder zu beenden.

Mit der 1 %-Methode sind sämtliche Privatfahrten, auch private
Urlaubsfahrten, abgegolten. Ausgenommen davon sind privat
veranlasste Parkgebühren, privat veranlasste Straßenbenutzungsgebühren wie Maut, Vignetten etc. sowie privat veranlasste Fähr- oder Autoreisezuggebühren und die Kosten eines auf
den Mitarbeiter ausgestellten Kfz-Schutzbriefs. Ebenfalls nicht
abgegolten ist der Verzicht des Arbeitgebers auf Ersatz eines
alkoholbedingten Schadens. Sollte der Arbeitgeber diese Kosten übernehmen, sind diese durch den Arbeitgeber separat als
zusätzlicher geldwerter Vorteil zu versteuern.

Praxistipp

Ist dem Arbeitnehmer die Privatnutzung des Firmen-Pkw arbeitsrechtlich verboten, war dies in der Vergangenheit steuerlich nur zu beachten, wenn der Arbeitgeber das Nutzungsverbot überwacht hat (beispielsweise durch eine dokumentierte, stichprobenartige Überprüfung des Fahrtenbuchs) oder wenn die Privatnutzung des Wagens durch die Umstände des Einzelfalls so gut wie ausgeschlossen waren (z. B. weil das Fahrzeug nach der Nutzung immer auf dem Hof des Arbeitgebers abgestellt und die Schlüssel abgegeben wurden).

Ein arbeitsrechtliches, nicht überwachtes Nutzungsverbot ist mittlerweile ausreichend, so die Festlegung im BMF-Schreiben vom April 2018..

6.2.4.2.2 Fahrten zwischen Wohnung und erster Tätigkeitsstätte – 0,03 %-Regelung

Firmen-Pkw werden den Mitarbeitern im Regelfall nicht nur für die generellen betrieblichen Fahrten zur Verfügung gestellt. Der Mitarbeiter kann seinen Firmenwagen im Regelfall auch für Fahrten zwischen Wohnung und erster Tätigkeitsstätte nutzen. Selbst wenn die private Nutzung ansonsten untersagt ist, ist eine Freigabe für die Fahrten zwischen Wohnung und erster Tätigkeitsstätte denkbar und unterliegt dann der Versteuerung. Jeder Kilometer der Entfernung zwischen Wohnung und erster Tätigkeitsstätte ist dann mit 0,03 % des Bruttolistenpreises des Pkw zu versteuern.

Beispiel 1: Einfache Entfernung Wohnung – erste Tätigkeitsstätte: 11 km

Bruttolistenpreis: 29.400 Euro

Der geldwerte Vorteil ermittelt sich dabei wie folgt:

29.400 Euro x 0,03 % x 11 km = 97,02 Euro

Praxistipp

Maßgeblich ist die kürzeste, benutzbare Straßenverbindung. Diese ist auf den nächsten vollen km-Betrag **abzurunden**.

Auf die Anzahl der tatsächlich durchgeführten Fahrten Wohnung – erste Tätigkeitsstätte kommt es nicht an. Entscheidend ist, dass der Mitarbeiter den Firmen-Pkw zu Fahrten zwischen Wohnung – erster Tätigkeitsstätte nutzen kann. Allerdings anerkennt die Finanzverwaltung bei doppelter Haushaltsführung, dass die Entfernung zur Zweitwohnung zugrunde gelegt werden kann. Für diese zeitlich weniger beachtlichen Fahrten kann dann die sogenannte 0,002 %-Regelung für die Zwischenheimfahrten Anwendung finden.

Bei der Versteuerung der Fahrten Wohnung – erste Tätigkeitsstätte nach der 0,03 %-Methode können diese gleichzeitig in der Höhe, in der sie für den Arbeitnehmer Werbungskosten darstellen, mit 15 % pauschalversteuert werden. Dies mindert die Versteuerung nach der 0,03 %-Methode.

Beispiel 2: Einfache Entfernung Wohnung - Tätigkeitsstätte: 10 km

Bruttolistenpreis: 29.400 Euro

0,03 %-Methode:

29.400 Euro x 0,03 % x 10 km =	88,20 Euro
./. Pauschalversteuerung:	
10 km x 0,30 Euro x 15 Arbeitstage =	45,00 Euro
Geldwerter Vorteil	43,20 Euro

Praxistipp

Die Monatswerte nach der 1 %- und 0,03 %-Methode sind auch dann anzusetzen, wenn der Firmenwagen dem Mitarbeiter im Kalendermonat nur zeitweise zur Verfügung steht.

Beispiel 3: Herr Klug übernimmt erstmals einen Firmenwagen am Montag, den 27.04.2020. Für den Monat April wären dann die vollen Monatswerte zu versteuern.

Es kann also durchaus Sinn machen, bei erstmaliger Gestellung eines Firmen-Pkws die Übergabe um einige Tage in den nächsten Monat zu verschieben.

Bei untermonatigem Fahrzeugwechsel ist der geldwerte Vorteil des überwiegend genutzten Fahrzeugs zugrunde zu legen.

Beispiel 4: Herr Ehrlich wurde bisher ein Firmenwagen auch zur privaten Nutzung überlassen. Am 22.04.2020 erhält er einen neuen Firmen-Pkw. Auch diesen darf er privat nutzen.

Für den Monat April ist der GWV aus dem Bruttolistenpreis des alten Fahrzeugs zu ermitteln, da dieser überwiegend genutzt wurde. Im Mai errechnet sich der GWV aus dem

Bruttolistenpreis inkl. Mehrwertsteuer des neuen Fahrzeugs.

Ausnahme: Nur für volle Kalendermonate, in denen dem Arbeitnehmer kein Firmen-Pkw zur Verfügung steht, darf mit der Versteuerung ausgesetzt werden.

Beispiel 5: Herr Ehrlich wird im Rahmen eines Projektes für sechs Wochen in den USA tätig. Da seine Ehefrau über einen eigenen Pkw verfügt, stellt er den Firmen-Pkw am 23.02.2020 auf dem Firmengelände ab und übergibt die Fahrzeugpapiere und -schlüssel gegen Unterschrift an den Fuhrpark. Nach Rückkehr am 10.04.2020 nimmt er den Firmen-Pkw wieder in Empfang.

Für den Monat März kann unter dieser Konstellation mit der Versteuerung ausgesetzt werden.

Praxistipp

- Zur Ermittlung der Entfernung zwischen Wohnung – erster Tätigkeitsstätte kann ein Routenplaner mit der Einstellung: „kürzeste Strecke" genutzt werden. Ein Ausdruck davon sollte dann zu den Lohnunterlagen genommen werden.

- Versetzungen und Anschriftenänderungen eines Firmen-Pkw-Inhabers müssen immer zum Anlass genommen werden, die Versteuerung der Fahrten Wohnung – erste Tätigkeitsstätte anzupassen.

- Der Arbeitnehmer kann die Fahrten Wohnung – erste Tätigkeitsstätte im Rahmen seiner Einkommensteuerveranlagung als Werbungskosten steuermindernd geltend machen.

- Eine Kürzung der Entfernungskilometer ist (nur) dann möglich, wenn der Arbeitnehmer nachweislich über eine Jahreskarte der Bahn für die restliche Teilstrecke verfügt.

Zahlt der Mitarbeiter an den Arbeitgeber ein Nutzungsentgelt, mindert dies den privaten Nutzungswert. Dies gilt bei

- Monats- und km-Pauschale,

- laufender oder einmaliger Zuzahlung (z. B. Eigenbeteiligung des Arbeitnehmers wegen höherwertiger Ausstattung),

- individueller und pauschaler Nutzungswertermittlung.

Praxistipp

Die frühere Beschränkung der Anrechenbarkeit auf das Jahr der Zuzahlung ist entfallen.

Beispiel 6: Der Bruttolistenpreis des neuen Firmenwagens von Herrn Klug beläuft sich auf 29.482 Euro.

Die einfache Entfernung zwischen Wohnung und Tätigkeitsstätte beträgt laut Routenplaner für die kürzeste Strecke 11 km.

Herr Klug leistet eine Zuzahlung zum Firmenwagen in Höhe von monatlich 300 Euro. Der zu versteuernde geldwerte Vorteil wäre dann wie folgt zu ermitteln:

29.400 Euro x 1 %	= 294,00 Euro
29.400 Euro x 0,03 % x 11 km	= 97,02 Euro
	391,02 Euro
./. Zuzahlung AN	300,00 Euro
	91,02 Euro

Beispiel 7: Herr Ehrlich erhält einen Firmen-Pkw im Wert von Bruttolistenpreis 30.099 Euro ab Juli 2018. Die einfache Entfernung Wohnung – erste Tätigkeitsstätte beläuft sich bei ihm derzeit auf 10 km.

Er leistet eine Zuzahlung im Juli 2018 in Höhe von einmalig 3.000 Euro.

Sein geldwerter Vorteil ermittelt sich dann wie folgt:

30.000 Euro x 1 %	= 300 Euro
30.000 Euro x 0,03 % x 10 km	= 90 Euro
	390 Euro

Unter Anrechenbarkeit der Zuzahlung hat Herr Ehrlich damit von Juli 2019 – Januar 2020 keinen geldwerten Vorteil zu versteuern. Im Februar 2020 entsteht ein geldwerter Vorteil von (3.000 Euro abzgl. 7 Monate x 390 Euro =) 270 Euro. Ab März 2020 ist dann der volle geldwerte Vorteil von 390 Euro zu versteuern.

Praxistipp

Zuzahlungen eines Mitarbeiters, die höher sind als der entstandene geldwerte Vorteil, sind weder Werbungskosten noch negativer Arbeitslohn. Denkbar wäre aber die Nutzung der Bruttoentgeltumwandlung.

Praxistipp

Zahlt der Mitarbeiter nachträglich eine einmalige Eigenbeteiligung (weil er sich bspw. nachträglich auf eigene Kosten eine Anhängerkupplung einbauen lässt), erhöht diese ab diesem Zeitpunkt den Bruttolistenpreis und somit die zu versteuernden geldwerten Vorteile. Die einmalige Zuzahlung kann jedoch beim geldwerten Vorteil „gegengerechnet" werden.

Zuschussrückzahlungen des Arbeitgebers an den Mitarbeiter sind Arbeitslohn, soweit die Zuschüsse den privaten Nutzungswert gemindert haben.

Beispiel 8: Herr Klug leistete zu den Anschaffungskosten seines Firmen-Pkw (30.099 Euro) eine Zuzahlung in Höhe von 3.000 Euro, die komplett auf den GWV angerechnet werden konnte. Nach vier Jahren verkauft der Arbeitgeber den Pkw und erzielt hierfür 15.000 Euro. Der Arbeitgeber erstattet dem Arbeitnehmer daraufhin die seinerzeit getätigte Zuzahlung wertanteilig mit 1.500 Euro. Diese Erstattung ist steuerpflichtiger Arbeitslohn.

6.2.4.2.3 Pauschale Nutzungswertermittlung 0,002 % – geringere Nutzung des Firmenwagens oder Ansatz bei Familienheimfahrten

Geldwerte Vorteile für die Fahrten zwischen Wohnung und erster Tätigkeitsstätte können bei geringer Nutzung nach den tatsächlich durchgeführten Fahrten ermittelt werden. Dabei erfolgt die Einzelbewertung der tatsächlichen Fahrten mit 0,002 % des Listenpreises. Als Nachweis hat der Arbeitnehmer gegenüber dem Arbeitgeber kalendermonatlich schriftlich zu erklären, an welchen Tagen (mit Datumsangabe) er das Firmenfahrzeug tatsächlich für Fahrten zwischen Wohnung und Tätigkeitsstätte genutzt hat. Die bloße Angabe der Anzahl der Tage reicht nicht aus.

Diese Regelung findet auch bei doppelter Haushaltsführung Ansatz: Wird der Firmen-Pkw im Rahmen einer doppelten Haushaltsführung zu mehr als einer Familienheimfahrt wöchentlich genutzt, so ist für jede dieser zusätzlichen Fahrten ein geldwerter Vorteil in Höhe von 0,002 % des Bruttolistenpreises für jeden Entfernungskilometer zwischen dem Beschäftigungsort und dem Erstwohnsitz anzusetzen.

Praxistipp

Seit April 2018 darf jeder Arbeitnehmer die Anwendung dieser Regelung von seinem Arbeitgeber einfordern, wenn diese nicht ausdrücklich arbeitgeberseitig untersagt wurde. Arbeitgeber sollten daher in ihrer Fahrzeugrichtlinie aufnehmen, dass nur die 0,03 %-Regelung Anwendung findet.

Beispiel 1: Herr Ehrlich arbeitet in Stuttgart und wohnt in München. In Stuttgart bewohnt er ein möbliertes Zimmer. Jedes Wochenende fährt er mit dem Firmen-Pkw (Bruttolistenpreis 30.087 Euro) zurück nach München (einfache Strecke 200 km).

Ein geldwerter Vorteil ist nicht zu versteuern, da eine Familienheimfahrt pro Woche frei ist.

Vorsicht: Dies gilt nur für die Lohnsteuer. Umsatzsteuer ist auch für die lohnsteuerfreien Familienheimfahrten zu ermitteln und abzuführen.

Beispiel 2: Wie Beispiel 1, jedoch fährt Herr Ehrlich zweimal pro Woche nach Hause.

Jede zweite Fahrt (sog. „Zwischenheimfahrt") ist zusätzlich zu der 1 %- und 0,03 %-Regelung mit 120 Euro (30.000 Euro x 0,002 % x 200 km) zu versteuern.

Beispiel 3: Herr Klug wohnt als Filialleiter in Duisburg und hat gemäß Arbeitsvertrag sowohl eine Filiale in Essen (Entfernung 20 km) als auch in Düsseldorf (Entfernung 35 km) zu betreuen. Ihm steht ein Firmen-Pkw (Bruttolistenpreis 20.000 Euro) auch zur privaten Nutzung zur Verfügung. Im August arbeitet er an 10 Tagen in Essen und an 13 Tagen in Düsseldorf.

Für August wäre demnach zu versteuern:

20.000 Euro x 1 % =	200 Euro
20.000 Euro x 0,03 % x 20 km =	120 Euro
20.000 Euro x 0,002 %	
x 15 km (35 km - 20 km) x 13 Tage =	78 Euro
	398 Euro

6.2.4.3 Pauschale Nutzungswertermittlung 0,001 % – gelegentliche Nutzung

Bei „gelegentlicher" Überlassung eines Firmen-Pkw zu Privatfahrten ist jeder gefahrene Kilometer mit 0,001 % des Bruttolistenpreises zu versteuern. Von einer gelegentlichen Überlassung spricht man, wenn diese von „Fall zu Fall" an nicht mehr als fünf Kalendertagen pro Kalendermonat erfolgt.

Beispiel 1: Frau Frohsinn zieht um und leiht sich von ihrem Arbeitgeber für das Umzugswochenende einen Firmentransporter (Bruttolistenpreis 25.000 Euro). Frau Frohsinn fährt insgesamt 200 km. Der geldwerte Vorteil ermittelt sich wie folgt:

25.000 Euro x 0,001 % x 200 km = 50 Euro

Praxistipp

Die im Rahmen der pauschalen Nutzungswertermittlung ermittelten geldwerten Vorteile dürfen die tatsächlichen Gesamtkosten des Fahrzeugs nicht überschreiten.

Beispiel 2: Bruttolistenpreis: 30.000 Euro

jährliche, tatsächliche Kosten: 6.000 Euro

Entfernung Wohnung – Tätigkeitsstätte: 50 km

pauschale Nutzungswertermittlung:

30.000 Euro x 1 % =   300 Euro

30.000 Euro x 0,03 % x 50 km =   450 Euro

750 Euro

tatsächliche Gesamtkosten:

6.000 Euro : 12 Monate =   500 Euro

Der monatliche geldwerte Vorteil darf sich auf maximal 500 Euro belaufen.

Praxistipp

Insbesondere bei großen Entfernungen Wohnung – erste Tätigkeitsstätte sollten Arbeitgeber prüfen, ob die Kostendeckelung in Betracht kommt. Dazu müssen vorbereitend im Rechnungswesen für jedes Auto die Kosten separat ermittelt werden.

In den Lohnunterlagen sollten immer folgende Nachweise enthalten sein:

- Nachweis Bruttolistenpreis,

- Entfernung Wohnung – erste Tätigkeitsstätte,

- Übernahmedatum,

- Überlassungsvertrag.

Die geldwerten Vorteile aus der Privatnutzung eines Firmen-Pkw sind immer auch umsatzsteuerpflichtig.

6.2.4.4 Zuzahlungen zu Firmenwägen – Bruttoentgeltumwandlung – Nettoentgeltumwandlung

Stellen wir uns gedanklich wieder einen Mitarbeiter oder potenziellen Mitarbeiter vor, der sich bis dato noch kein eigenes Auto leisten konnte und auch jetzt nicht die Möglichkeit hat, einen Gebrauchtwagen zu erwerben, da das dazu nötige Startkapital fehlt. Ein Leasingvertrag wäre eventuell eine Option, aber der Mitarbeiter schreckte bis dato vor der Schufa-Prüfung zurück.

Erhält dieser Mitarbeiter einen Firmenwagen gestellt, kann er nun entweder seine Leasingrate aus dem Bruttoentgelt direkt begleichen und muss dafür den geldwerten Vorteil versteuern oder aber er zahlt die Leasingrate netto ab und darf diese dann auf den geldwerten Vorteil anrechnen.

Der Unterschied in der sinnhaften Nutzung dürfte klar sein: Je günstiger der geldwerte Vorteil ausfällt, umso eher bietet sich die Bruttoentgeltumwandlung an, da sich die steuerliche Wirkung hier nicht auf den Betrag des geldwerten Vorteils beschränkt.

Damit ergibt sich hier ein tolles Medium: So bieten Einzelhandelsunternehmen auf der grünen Wiese bei der Suche nach Azubis einen Smart als Firmenwagen oder aber Angehörigen von Pflegeberufen wird ein Auto angeboten, das der Mitarbeiter sogar komplett privat nutzen kann. Selbstverständlich ist der damit verbundene zusätzliche administrative Aufwand auch nicht zu vergessen, aber berücksichtigt man die Kosten eines Personalwechsels auf einer Stelle, so stellt sich evtl. wieder eine Verhältnismäßigkeit ein.

6.2.4.5 Sonderfall Elektrofahrzeuge

Deutschland will den CO_2-Ausstoß bis 2030 um bis zu 40 % senken. Um dieses Ziel zu erreichen, muss die Elektromobilität steigen.

Kaufpreisprämien

Schaffte der Arbeitgeber als Dienstwagen für seine Arbeitnehmer Elektro- oder Hybrid-Fahrzeuge an, winkten ihm Kaufpreiszuschüsse.

Praxistipp

Die Prämien wurden nur für nach dem 18.05.2016 angeschaffte Fahrzeuge mit einem Listenpreis von höchstens 60.000 Euro gewährt. Beantragen konnten Arbeitgeber die Prämien online beim Bundesamt für Wirtschaft und Ausfuhrkontrolle.

Fahrzeugart	Typisierung	Kaufprämie/Euro
Elektrofahrzeug	Ausschließlich mit einem Elektroantrieb ausgestattet anstelle eines Verbrennungsmotors (Kennziffer 0004 und 0015 im Feld 10 der Zulassungsbescheinigung)	4.000,00
Plug-In-Hybrid-Fahrzeug	Mit Hybridantrieb, dessen Akkumulator sowohl über den Verbrennungsmotor als auch am Stromnetz geladen werden kann (Kennziffer 0016 bis 0019 und 0025 bis 0031 im Feld 10 der Zulassungsbescheinigung)	3.000,00

Befreiung von der Kfz-Steuer

Neben den Kaufpreisprämien profitierten Arbeitgeber außerdem bei Elektrofahrzeugen auch von einer Kfz-Steuerbefreiung. Die fünfjährige Steuerbefreiung für ab 01.01.2016 erfolgte Erstzulassungen reiner Elektrofahrzeuge wurde rückwirkend zum 01.01.2016 in eine zehnjährige Befreiung umgewandelt. Für Erstzulassungen zwischen dem 11.05.2011 und 31.12.2015 galt ohnehin eine zehnjährige Steuerbefreiung.

Die Befreiung gilt ebenfalls für Elektrofahrzeuge, die mit einem Verbrennungsmotor als Reichweitenverlängerer ausgestattet sind (Range-Extender-Fahrzeuge) sowie für verkehrstechnisch genehmigte Umrüstungen von Bestandsfahrzeugen in Elektrofahrzeuge. Anwendbar war die zehnjährige Befreiung somit für Erstzulassungen bzw. Umrüstungen in der Zeit vom 18.05.2011 bis 31.12.2020. Die Steuerbefreiung wurde von Amts wegen gewährt. Ein Antrag war nicht erforderlich.

Wichtig: Hybridelektrofahrzeuge, die neben einem Elektromotor auch durch einen Verbrennungsmotor angetrieben werden, gelten nicht als Elektrofahrzeuge im Sinne des Kraftfahrtsteuergesetzes. Sie sind deshalb nicht begünstigt.

Lohnsteuerliche Regelungen für überlassene Kraftfahrzeuge

Für die Überlassung von Elektrofahrzeugen sowie Plug-In-Hybrid-Fahrzeugen gelten die steuerlichen Regelungen zur Fahrzeugüberlassung. Den geldwerten Vorteil aus der Privatnutzung sowie den Fahrten zwischen Wohnung und Arbeit kann der Arbeitgeber pauschal oder nach der Fahrtenbuchmethode ermitteln.

Bisherige Handhabung bei der 1 %-Regelung bis 2018

Seit 2013 wurde der Bruttolistenpreis bei der lohnsteuerlichen Ermittlung des geldwerten Vorteils aus der Privatnutzung um die Kosten für das Batteriesystem pauschal – je nach Anschaffungsjahr und Batteriekapazität – gekürzt. In den Miet- bzw. Leasinggebühren sind die Kosten des Batteriesystems enthalten. Bei der 1 %-Regelung sind die Leasingraten für die Lohnversteuerung ohne Bedeutung. Bei der Fahrtenbuchmethode musste der Arbeitgeber die Kosten aufteilen. Soweit sie auf das Batteriesystem entfallen, minderten sie die Gesamtkosten. Als Aufteilungsmaßstab konnte das Verhältnis zwischen Listenpreis und dem um den pauschalen Minderungsbetrag gekürzten Listenpreis angesetzt werden (BMF-Schreiben vom 05.06.2014).

Beispiel: Der Arbeitgeber leaste ein Elektrofahrzeug, das er dem Mitarbeiter Ehrlich zur Privatnutzung überließ. Die monatliche Full-Leasingrate betrug 300 Euro (brutto), ein auf das Batteriesystem entfallender Anteil war nicht gesondert ausgewiesen. Das Fahrzeug hatte einen Bruttolistenpreis von 42.000 Euro.

Der pauschale Minderungsbetrag betrug (laut Tabelle) 6.000 Euro, das waren 1/7 des Gesamtpreises.

Lohnsteuer: Die für die Fahrtenbuchmethode maßgeblichen Kosten ermittelten sich wie folgt: 300 Euro x 6/7 = 257,14 Euro monatlich x 12 = 3.085,68 Euro jährlich. Hinzu kamen die vom Arbeitgeber zusätzlich getragenen Kosten (z. B. Benzin). Die Bruttogesamtkosten waren nach dem Verhältnis der dienstlich und privat gefahrenen Kilometer aufzuteilen. Die Bruttoaufwendungen für die private Nutzung unterlagen als Arbeitslohn der Lohnsteuer.

Umsatzsteuer: Die Überlassung erfolgte entgeltlich im Rahmen eines tauschähnlichen Umsatzes. Als Bemessungsgrundlage gilt die Nettosumme der ungekürzten Leasingraten sowie der zusätzlichen Kosten. Auf den der Privatnutzung zugerechneten Nettokostenanteil entsteht 19 % Umsatzsteuer.

Bisherige Handhabung bei der 1 %-Regelung ab 2019

Die steuerliche Förderung von Elektro- und extern aufladbaren Hybridelektrofahrzeugen, die nach dem Gesetzeswortlaut im Zeitraum 01.01.2019 bis 31.12.2021 angeschafft oder geleast werden, erfolgt durch eine Halbierung der Bemessungsgrundlage. Diese Frist wurde nun durch das Jahressteuergesetz 2019 bis einschließlich 31.12.2030 verlängert. Das bedeutet, dass bei der Bruttolistenpreisregelung der **halbe Bruttolistenpreis** und bei der Fahrtenbuchmethode die **Hälfte der Absetzung für Abnutzung** bzw. der Leasingkosten angesetzt wird. Dies gilt für die Ermittlung des geldwerten Vorteils bei Privatfahrten, Fahrten zwischen Wohnung und erster Tätigkeitsstätte sowie für steuerpflichtige Familienheimfahrten im Rahmen einer beruflich veranlassten doppelten Haushaltsführung.

Allerdings sind die Maßnahmen an bestimmte Voraussetzungen gebunden: Bei einem extern aufladbaren Hybridelektrofahrzeug gelten die vorstehenden Vergünstigungen nur dann, wenn

- das Fahrzeug eine Kohlendioxidemission von höchstens 50 Gramm je gefahrenen Kilometer hat und/oder die Reichweite unter ausschließlicher Nutzung der elektrischen Antriebsmaschine mindestens 40 Kilometer beträgt. Dies gilt für Anschaffungen zwischen dem 01.01.2019 bis 31.12.2021.

- das Fahrzeug eine Kohlendioxidemission von höchstens 50 Gramm je gefahrenen Kilometer hat und/oder die Reichweite unter ausschließlicher Nutzung der elektrischen Antriebsmaschine mindestens 60 Kilometer beträgt. Dies gilt für Anschaffungen zwischen dem 01.01.2022 bis 31.12.2024.

- das Fahrzeug eine Kohlendioxidemission von höchstens 50 Gramm je gefahrenen Kilometer hat und/oder die Reichweite unter ausschließlicher Nutzung der elektrischen Antriebsmaschine mindestens 80 Kilometer beträgt. Dies gilt für Anschaffungen zwischen dem 01.01.2025 bis 31.12.2030.

Die Finanzverwaltung hat den zeitlichen Anwendungsbereich der gesetzlichen Neuregelung in den Fällen der Firmenwagengestellung nach anfänglicher Diskussion dann auch klargestellt: sie ist anzuwenden bei allen vom Arbeitgeber an den Arbeitnehmer erstmals nach dem 31.12.2018 und vor dem 01.01.2030 zur privaten Nutzung überlassenen Elektrofahrzeugen. In diesen Fällen kommt es nicht auf den Zeitpunkt an, zu dem der Arbeitgeber das Fahrzeug angeschafft, hergestellt oder geleast hat.

Praxistipp

Ab 01.01.2020 gilt für reine Elektrofahrzeuge eine weitere Ermäßigung. Solche Fahrzeuge sind sogar mit 0,25 % vom Bruttolistenpreis zu versteuern. Nach § 6 Abs. 1 Nr. 4 (3) EStG ist die Anwendung der 0,25 % jedoch an die Bedingung geknüpft, dass der Brutto-Listenpreis maximal 40.000 Euro betragen darf. Werden die 40.000 Euro überschritten, so ist die Regelung für Plug-in-Hybrid (0,5 % Versteuerung vom Bruttolistenpreis) maßgebend.

Derzeit in Klärung ist die Lesart der 40.000 Euro-Grenze. Da für die Ermittlung der geldwerten Vorteile ja die Bruttolistenpreise auf volle 100 Euro-Beträge abgerundet werden, stellt sich die Frage, wie ein Bruttolistenpreis von 40.099 Euro zu handhaben wäre. Eine finale Entscheidung liegt dazu bis dato nicht vor. Wir würden aber die Deckelung auf 40.000 Euro empfehlen, nicht 40.001 Euro oder mehr mit Rundung.

Förderung der kostenlosen Stromaufladung

Auch das elektrische Aufladen kann der Arbeitgeber fördern. Lohnsteuerliche Begünstigungen vom 01.01.2017 bis 31.12.2020 winken in zweierlei Hinsicht:

Ermöglicht der Arbeitgeber Arbeitnehmern das kostenlose elektrische Aufladen eines privaten Elektro- bzw. Hybridelektrofahrzeugs, ist dieser zusätzlich zum Arbeitslohn gewährte Vorteil nach BMF-Schreiben vom 26.10.2017 steuerfrei. Diese Begünstigung gilt nur für eine Aufladung unmittelbar im Betrieb des Arbeitgebers.

Steuerfrei ist neben der Aufladung von Elektro- und Hybridelektrofahrzeugen auch die Aufladung von Elektrofahrrädern (E-Bikes und Pedelec). Diese fallen nach aktueller Festlegung auch komplett hierunter, und nicht wie bis Herbst 2017 festgelegt nur, wenn diese als Kraftfahrzeuge zulassungspflichtig sind. Die Unklarheit der Vergangenheit hat sich hier also aufgelöst.

Die Steuerfreiheit gilt **nicht** für die Übernahme der privaten Ladekosten an fremden Ladestationen.

ABER: Hier ist der steuerfreie Auslagenersatz im Rahmen des § 3 Nr. 50 EStG in folgenden Grenzen ebenfalls gemäß BMF-Schreiben vom 26.10.2017 möglich:

Mit zusätzlicher Lademöglichkeit beim Arbeitgeber verbleiben

- 20 Euro monatlich für Elektrofahrzeuge und
- 10 Euro monatlich für Hybridelektrofahrzeuge

steuerfrei.

Ohne Lademöglichkeit beim Arbeitgeber verbleiben

- 50 Euro monatlich für Elektrofahrzeuge und
- 25 Euro monatlich für Hybridelektrofahrzeuge

steuerfrei.

Die oben genannte pauschale Bewertung soll nun über den 31.12.2020 hinaus bis einschließlich 31.12.2030 verlängert werden. Außerdem ist eine Anhebung der monatlichen Pauschbeträge vorgesehen (aufgrund steigender Strompreise und erhöhter Batteriekapazitäten bzw. Fahrleistungen).

Im Jahr 2017 ging man bei der Festsetzung der Pauschalen von einem Strompreis in Höhe von ca. 25 Cent je kWh aus. Mittlerweile geht man von ca. 35 Cent je kWh aus, daher wurden die Pauschalen wie folgt angehoben (50 / 25 Cent x 35 Cent):

Mit zusätzlicher Lademöglichkeit beim Arbeitgeber verbleiben

- 30 Euro monatlich für Elektrofahrzeuge und
- 15 Euro monatlich für Hybridelektrofahrzeuge

steuerfrei.

Ohne Lademöglichkeit beim Arbeitgeber verbleiben

- 70 Euro monatlich für Elektrofahrzeuge und
- 35 Euro monatlich für Hybridelektrofahrzeuge

steuerfrei.

Aufladevorrichtung

Übereignet der Arbeitgeber zusätzlich zum geschuldeten Arbeitslohn eine elektrische Ladevorrichtung kostenlos oder verbilligt an seinen Arbeitnehmer oder leistet er einen Zuschuss zu deren privaten Anschaffung, so kann er diesen Vorteil mit 25 % (zuzüglich Soli und ggf. Kirchensteuer) pauschal versteuern.

Im Rahmen einer Gehaltsumwandlung ist die Pauschalierung **nicht** anwendbar.

Arbeitgeber können den geldwerten Vorteil aus der privaten Nutzung des Elektro-Fahrzeugs monatlich pauschal mit 1 % (ggf. zuzüglich 0,03 % pro Entfernungskilometer für Fahrten zwischen Wohnung und erster Tätigkeitsstätte sowie 0,002 % für jede Fahrt zu oder von einem doppelten Haushalt) des inländischen Bruttolistenpreises ansetzen. Einen Ausweg aus dieser pauschalen Ermittlungsmethode gibt es nur, wenn der Arbeitnehmer die strengen Fahrtenbuchaufzeichnungen erfüllt.

Auch hier gilt: Ein geldwerter Vorteil muss nur dann nicht versteuert werden, wenn schriftlich vereinbart wird, dass das Elektro-Fahrzeug nicht für private Fahrten genutzt wird. Die Mitteilung des Arbeitnehmers, er nutze das Fahrzeug ausschließlich betrieblich, reicht nicht aus. Soll dem Arbeitnehmer lediglich gestattet werden, dass er sein Elektro-Fahrzeug nur für Fahrten zwischen der Wohnung und der ersten Tätigkeitsstätte nutzen darf (nicht aber privat), ist dies ebenfalls am besten vertraglich zu definieren.

6.2.5 Fahrräder im Fuhrpark

Dienstfahrräder stellen eher eine Seltenheit dar, sind aber grundsätzlich im Prinzip wie Firmenwagen zu behandeln, wenn es sich um Elektro-Fahrräder handelt.

„Normale" Fahrräder sind wie folgt zu betrachten:

Die lohnsteuerliche Behandlung von Elektrofahrrädern hängt davon ab, ob es sich um ein E-Bike oder Pedelec handelt und ob es damit als Fahrrad oder Kraftfahrzeug eingestuft wird:

- E-Bikes fahren auf Knopfdruck auch ohne Pedalunterstützung. Sie sind bereits ab 6 Kilometer pro Stunde als Kraftfahrzeuge zulassungspflichtig.

- Pedelecs (Pedal Electric Cycles) bieten nur dann Motorunterstützung, wenn der Fahrer in die Pedale tritt. Erfolgt

    a) die Motorunterstützung bis zu 25 km/h und hat der Hilfsantrieb eine Nenndauerleistung von höchstens 0,24 kW, gelten sie als Fahrrad;

    b) eine elektromotorische Unterstützung auch bei mehr als 25 km/h, gelten sie als zulassungspflichtige Kraftfahrzeuge.

Werden (Elektro)Fahrräder gegen eine Gehaltsumwandlung zur Privatnutzung überlassen, führt dies zu einem geldwerten Vorteil, der sich in Abhängigkeit von der Art des Fahrrades in einer bestimmten Höhe von bis zu einem Prozent der auf volle 100 Euro abgerundeten Preisempfehlung berechnet.

Die Sachbezugsfreigrenze von 44 Euro ist nicht anwendbar. Der Arbeitgeber muss diesen Vorteil über die individuelle Gehaltsabrechnung des Arbeitnehmers versteuern. Eine Pauschalversteuerung nach § 37b EStG ist nicht zulässig.

Die Überlassung von (Elektro-)Fahrrädern an Arbeitnehmer für deren Privatnutzung führte bis Ende 2018 zu einem steuerpflichtigen geldwerten Vorteil. Seit dem 01.01.2019 ist eine solche Überlassung nach § 3 Nr. 37 EStG dann steuerfrei, wenn diese zusätzlich zum ohnehin geschuldeten Arbeitslohn erfolgt. Diese Steuerbefreiung ist durch das Jahressteuergesetz 2019 bis Ende 2030 verlängert worden. Eine mit Gehaltsumwandlung finanzierte Überlassung ist somit nicht begünstigt.

Praxistipp

Es können auch über den Mitarbeiter Fahrräder für Familienmitglieder geleast werden. Aus dem Wortlaut der Vorschrift ergibt sich nicht, dass das Fahrrad ausschließlich dem Arbeitnehmer überlassen werden muss. Vielmehr ist in § 3 Nr. 37 EStG nur die Rede von „vom Arbeitgeber gewährte Vorteile für die Überlassung eines betrieblichen Fahrrads".

Steuerlich gefördert werden soll demnach die Nutzungsüberlassung von Dienst-(Elektro)Fahrrädern. Auch die Finanzverwaltung sieht hier keine Beschränkung der Regelung auf lediglich ein Fahrrad pro Arbeitnehmer. Wörtlich regelt diese: „Entsprechendes gilt bei der Überlassung mehrerer (Elektro)Fahrräder an den Arbeitnehmer (z. B. für dessen Familienangehörige)".

6.2.5.1 Einstufung eines E-Bikes als Fahrrad

Grundsätzlich ergibt sich aus der Überlassung eines (Elektro-) Fahrrads zusätzlich zum ohnehin geschuldeten Arbeitslohn ein steuerpflichtiger geldwerter Vorteil, der für jeden Kalendermonat mit 1 % des auf volle 100 Euro abgerundeten Bruttolistenpreises einschließlich Sonderausstattung und Umsatzsteuer anzusetzen ist.

Seit 2019 bis Ende 2030 bleiben **zusätzlich zum ohnehin geschuldeten Arbeitslohn** gewährte geldwerte Vorteile aus der Überlassung eines betrieblichen Fahrrads, das kein Kraftfahrzeug ist, steuerfrei. Sollte der Arbeitgeber also die Leasingrate des Fahrrads zusätzlich zum Arbeitslohn übernehmen, so verbleibt dies steuerfrei. Diese Steuerbefreiung gilt sowohl für normale Fahrräder als auch für Elektrofahrräder, die verkehrsrechtlich nicht als Kraftfahrzeug einzuordnen sind.

Praxistipp

Auch wenn der geldwerte Vorteil für diese Art von betrieblichem Fahrrad steuerfrei ist, muss er auf der Brutto-/Nettoabrechnung abgebildet werden. Die Bemessungsgrundlage und somit die Höhe des steuerfreien geldwerten Vorteils richtet sich hierbei nach der erstmaligen Überlassung auf einen Arbeitnehmer und nach dem jeweiligen Abrechnungsjahr.

Handelt es sich aber **um eine Entgeltumwandlung** des Arbeitnehmers, also keine zusätzliche Leistung des Arbeitgebers, so muss das Fahrrad wie nachfolgend erläutert versteuert werden:

- Erfolgt die Überlassung des Fahrrads vor dem 01.01.2019 und nach dem 31.12.2030, so muss der monatliche Durchschnittswert der Privatnutzung bei einem Elektrofahrrad mit insgesamt 1 % der auf volle 100 Euro abgerundeten unverbindlichen Preisempfehlung (brutto) des Herstellers versteuert werden.

- Für Überlassungen innerhalb des Kalenderjahres 2019 muss ein monatlicher Durchschnittswert der Privatnutzung bei einem Fahrrad mit insgesamt 1 % der auf volle 100 Euro abgerundeten **halbierten** unverbindlichen Preisempfehlung (brutto) angesetzt werden.

- Für Überlassungen nach dem 31.12.2019 und vor dem 01.01.2031 ist ein monatlicher Durchschnittswert der Privatnutzung bei einem Fahrrad mit insgesamt 1 % eines auf volle 100 Euro abgerundeten **Viertels** der unverbindlichen Preisempfehlung (brutto) des Herstellers anzusetzen.

Praxistipp

Dies sind immer die Lohnsteueransätze. Umsatzsteuer wird immer aus 1 % des Bruttolistenpreises berechnet.

Damit abgegolten sind die Privatfahrten sowie die Fahrten zwischen Wohnung und erster Tätigkeitsstätte – und auch Heimfahrten bei doppelter Haushaltsführung, was aufgrund der jeweiligen Entfernung allerdings in der Regel nicht praxisrelevant ist.

Hinweis

Wird das Fahrrad (auch) zu Fahrten zwischen Wohnung und
erster Tätigkeitsstätte genutzt, sind die steuerfreien Sachbezüge nicht auf die Entfernungspauschale anzurechnen.

In die Bemessungsgrundlage – der sog. unverbindlichen
Preisempfehlung des Herstellers – gehören alle fest an- oder
eingebauten Zubehörstücke, wie Ersatzakkus, Klickpedale oder
Gepäckträger.

Praxistipp

Die Sachbezugsfreigrenze von 44 Euro monatlich ist auf
Dienstfahrräder nicht anwendbar (Oberste Finanzbehörden
der Länder, Erlass vom 23.11.2012).

Gehört die Überlassung von Fahrrädern zur Angebotspalette
des Arbeitgebers (z. B. Fahrradgeschäft mit Verleih), ist der Rabattfreibetrag von jährlich 1.080 Euro anwendbar.

6.2.5.2 Einstufung als Kraftfahrzeug

Soweit E-Bikes oder Pedelecs als Kraftfahrzeug eingestuft werden, sind die für eine Kraftfahrzeugüberlassung einschlägigen
steuerlichen Regelungen anzuwenden. Das bedeutet: Arbeitgeber müssen für die Privatnutzung monatlich 1 % des Bruttolistenpreises und zusätzlich 0,03 % je Entfernungskilometer
für die Fahrten zwischen Wohnung und erster Tätigkeitsstätte
ansetzen.

Änderungen haben sich bei der Versteuerung der Privatnutzung ergeben: Wird dem Arbeitnehmer erstmals nach dem
31.12.2018 und vor dem 01.01.2031 ein Fahrrad überlassen,
so wird der monatliche Durchschnittswert der Privatnutzung
für das Kalenderjahr 2019 insgesamt mit 1 % der auf volle
100 Euro abgerundeten **halbierten** unverbindlichen Preisempfehlung (brutto) und ab dem 01.01.2020 insgesamt mit 1 % eines auf volle 100 Euro abgerundeten **Viertels** der unverbindlichen Preisempfehlung (brutto) des Herstellers festgesetzt.

Praxistipp

Auch hier gilt: die Umsatzsteuer wird immer voll aus 1 %
des Bruttolistenpreises berechnet.

Klargestellt wurde hier, dass es dabei unerheblich ist, zu wel-
chem Zeitpunkt der Arbeitgeber das Fahrrad angeschafft hat.
Wurde dem Arbeitnehmer bereits vor dem 01.01.2019 ein
Fahrrad zur Privatnutzung überlassen, so ist hier die Regelung
mit 1 % der auf volle 100 Euro abgerundeten unverbindlichen
Preisempfehlung (brutto) anzuwenden.

Beispiel 1: Der Arbeitgeber überlässt seiner Arbeitnehmerin Frohsinn
ab dem 01.02.2020 ein als Kfz eingestuftes Pedelec mit einem Bruttolistenpreis von 2.995 Euro. Sie nutzt dieses sowohl privat als auch für Fahrten zwischen Wohnung und
dem 7 Kilometer entfernten Betrieb.

Lohnsteuer: Der monatliche Vorteil aus der Privatnutzung
beträgt 7,25 Euro (2.900 x 0,25 %). Hinzu kommt der Vorteil aus der Nutzung für Fahrten zwischen Wohnung und
Betrieb mit monatlich 6 Euro (2.900 Euro x 0,03 % x 7 km).

Umsatzsteuer: Bei der Überlassung von Elektrofahrrädern, die als Kfz eingestuft werden, können die lohnsteuerlichen Werte zugrunde gelegt werden. Aus diesen Bruttowerten ist die Umsatzsteuer herauszurechnen. Ausgehend von 13,25 Euro (7,25 Euro + 6 Euro) beträgt die Umsatzsteuer monatlich 2,12 Euro (13,25 Euro brutto = 11,13 Euro netto x 19 %).

Beispiel 2: Der Arbeitgeber überlässt seinem Mitarbeiter Herrn Ehrlich seit dem 01.08.2018 ein als Kfz eingestuftes Pedelec mit einem Bruttolistenpreis in Höhe von 5.499 Euro. Der Arbeitnehmer zahlt zusätzlich eine Leasingrate in Höhe von 75 Euro direkt aus seinem Bruttogehalt, welches 3.000 Euro beträgt.

Der monatliche Vorteil aus der Privatnutzung beträgt 54,99 Euro (5.499 Euro x 1 %).

Die Abrechnung des Mitarbeiters würde also wie folgt aussehen:

Gehalt (brutto):	3.000 Euro
Geldwerter Vorteil:	54,99 Euro
Entgeltumwandlung (Leasingrate):	75 Euro
Steuerpflichtiges Gesamtbrutto:	2.979,99 Euro

Praxistipp

Die Bezahlung der Leasingrate kann entweder aus dem Bruttogehalt oder aus dem Nettogehalt erfolgen.

Bei Anwendung der Nettomethode mindert die vom Arbeitnehmer übernommene Leasingrate den zu versteuernden geldwerten Vorteil. Im Falle Ehrlich würde sich der geldwerte Vorteil dann auf Null reduzieren, eine Negativanrechnung kann nicht erfolgen.

Welche Methode sinnhafter ist, kann durch den geldwerten Vorteil bestimmt werden. D. h. umso günstiger der geldwerte Vorteil, desto eher fällt die Entscheidung in Richtung Bruttoentgeltumwandlung, da sich die steuerliche Wirkung hier nicht auf die den Betrag des geldwerten Vorteils beschränkt.

6.2.5.3 Lohn- und Umsatzsteuer auf eine Schenkung vom Arbeitgeber

Sollte der Arbeitgeber seinem Arbeitnehmer ein Elektrofahrrad schenken, ergeben sich steuerlich folgende Konsequenzen:

Beispiel: Der Arbeitgeber schenkt Herrn Ehrlich ein Elektrofahrrad mit einem Bruttolistenpreis in Höhe von 2.950 Euro.

Lohnsteuer: Die kostenlose Übereignung ist als Sachbezug lohnsteuerpflichtig. Bewertet wird er mit 96 % des üblichen Endpreises. Der Arbeitgeber kann die 2.832 Euro individuell oder – wenn das Elektrofahrrad zusätzlich zum geschuldeten Arbeitslohn gegeben wird – bisher mit 30 % und seit dem 01.01.2020 laut § 40 Abs. 2 Nr. 7 EStG mit 25 % pauschal versteuern und verbeitragen. Für die Pauschalierung mit 25 % gelten allerdings folgende Voraussetzungen:

- Es wird ein Fahrrad bzw. E-Bike an den Arbeitnehmer unentgeltlich bzw. verbilligt übereignet, welches verkehrsrechtlich nicht als Kfz zu werten ist.

- Bei der Übereignung handelt es sich um eine zusätzliche Leistung des Arbeitgebers.

Ist der Arbeitgeber ein Fahrradhersteller/-händler, ist der Rabattfreibetrag von 1.080 Euro abziehbar. Werden keine weiteren Vorteile aus der Produktpalette des Arbeitgebers gewährt, sind nur 1.752 Euro steuer- und sozialversicherungspflichtig.

Umsatzsteuer: Die Anschaffung des Arbeitgebers kann nicht dem Unternehmensvermögen zugeordnet werden. Ein Vorsteuerabzug ist daher von vornherein ausgeschlossen.

6.2.5.4 Exkurs Sonderfall JobRad

Insbesondere seit auf dieses Geschäftsfeld spezialisierte Anbieter günstige Nutzungsoptionen für Firmen und deren Mitarbeiter anbieten, gewinnen die sogenannten JobRäder an Bedeutung und in vielen Städten, in denen verkehrstechnisch mit dem Auto kaum mehr ein Durchkommen besteht, bieten die Dienstfahrräder eine ganz neue Alternative. Ergänzt wird dies durch die Option der komplett privaten Nutzung der Fahrräder, die ein Mitarbeiter in Abstimmung mit seinem Arbeitgeber über diesen im Rahmen einer Bruttoentgeltumwandlung leasen kann.

Der Option der ratengezahlten Anschaffung eines teuren Fahrrads über den Arbeitgeber, welches durch die Bruttoleasingraten bis auf die vertraglich bis dato vereinbarten 10 % Restwert abgezahlt wird, hat das BMF mit Schreiben vom 17.11.2017 ein Ende gesetzt. Zum Ende der Leasinglaufzeit wurden bis Herbst 2017 meist Übernahmen der Fahrräder zu einem Restkaufpreis von 10 % des Anschaffungspreises vereinbart und umgesetzt. Dem hat die Finanzverwaltung nun einen Riegel vorgeschoben und schreibt einen Restwert von 40 % des Bruttolistenpreises vor. Will der Mitarbeiter das Fahrrad also am Ende der Laufzeit erwerben, so muss er entweder diesen Betrag an den Leasingpartner als Ablöse bezahlen oder aber die Differenz als geldwerten Vorteil versteuern. Hier ist der Ansatz nach § 37b EStG mit 30 % Pauschalsteuer vom BMF für zulässig erklärt worden.

Alternativ kann nachgewiesen werden, dass das Fahrrad tatsächlich einen niedrigeren Restwert hat, z. B. durch eine Schätzung eines Fahrradhändlers dazu.

Die Option der JobRäder hat damit zwar ein wenig an Attraktivität verloren, es scheint sich hier aber nach wie vor um ein sehr gutes Medium zu handeln, das großen Anklang bei den Mitarbeitern der Unternehmen findet, wie zahlreiche Praxisbeispiele und Befragungen zeigen.

6.2.6 Incentives

Unter „Incentives" versteht man Sachzuwendungen, die Arbeitnehmern insbesondere aus Belohnungs- und Motivationsgründen zugewendet werden. Nachfolgend ersehen Sie einige Beispiele, wie sich diese ausgestalten lassen:

Ein Arbeitgeber möchte einem Mitarbeiter, von dem er weiß, dass dieser glühender Anhänger des Fußballclubs einer bestimmten Stadt ist, für einen besonderen Arbeitseinsatz belohnen und schenkt ihm zwei Eintrittskarten für das nächste Spiel des Vereins.

Ein Unternehmen möchte für den jeweils umsatzstärksten Verkäufer ein Paris-Wochenende für zwei Personen in einem Fünf-Sterne-Hotel einschließlich Hin- und Rückflug als Sonderprämie anbieten.

Ein geldwerter Vorteil liegt dabei **nicht** vor, wenn das Arbeitgeberinteresse gegenüber dem Belohnungscharakter überwiegt. Dies ist z. B. der Fall, wenn „Kundenbetreuungs- und Organisationsaufgaben" so umfangreich sind, dass sie den mit der Reiseteilnahme verbundenen Erlebniswert eindeutig in den Hintergrund treten lassen.

Für den Belohnungscharakter einer Reise spräche z. B.

- ein überwiegend touristisches Reiseprogramm,
- die Begleitung durch der Ehepartner.

Selbst wenn bei einer solchen Reise auch eine Kundenbetreuung stattfinden würde, stände doch der Belohnungscharakter im Vordergrund.

Die oben genannten Beispiele sind unstrittig eine Belohnung für einen besonderen Einsatz oder dergleichen und bergen kein Arbeitgeberinteresse. Sie müssen daher voll versteuert werden. Wenn ein Arbeitgeber diese auf der Gehaltsabrechnung des Mitarbeiters zu seinen Lasten versteuern würden, wäre die Freude über die Reise oder die Fußballkarten ganz sicher schnell verschwunden. In diesen Fällen greift die Sondervorschrift des § 37b EStG.

6.2.6.1   § 37b EStG für Mitarbeitergeschenke

Diese Vorschrift ermöglicht der Unternehmung theoretisch mit befreiender Wirkung für den Mitarbeiter die Steuern zu übernehmen. Die Regelung kann auf Wunsch von jedem Unternehmen in Anspruch genommen werden (Wahlrecht). Wird sie in Anspruch genommen, **muss** sie aber für alle Sachzuwendungen eines Jahres angewandt werden.

Zu versteuern sind dabei immer die Aufwendungen des Unternehmens zuzüglich der Umsatzsteuer. Die Übernahme der Pauschalsteuer ist nur bis zu einem Wert von 10.000 Euro je Empfänger und Wirtschaftsjahr zulässig. Zur Überprüfung der Wertgrenze sind eindeutige Aufzeichnungen erforderlich.

Nehmen wir das Beispiel des Wochenendes in Paris wieder auf. Dieses hat einen Wert von 2.000 Euro für zwei Personen inklusive Flug, Hotel und der dort gebuchten Veranstaltungen und Restaurants.

Wert der Reise insgesamt	2.000 Euro
Pauschalsteuer (30 %)	600 Euro
Solidaritätszuschlag (5,5 %)	33 Euro
Kirchensteuer (8 %)	48 Euro
Gesamtaufwand	2.681 Euro

Zudem besteht bei Geschenken für Mitarbeiter bei dieser Form der Pauschalierung Sozialversicherungspflicht, d. h. diese muss ebenfalls noch Berücksichtigung finden und soll oftmals ebenfalls vom Unternehmen übernommen werden. Bitte beachten Sie dann aber, dass durch die Übernahme der Sozialversicherungsanteile ein zusätzlicher geldwerter Vorteil entsteht, der Berücksichtigung finden muss.

6.2.6.2 § 37b EStG für Kundengeschenke

Neben der Anwendung für Mitarbeitergeschenke kann § 37b EStG auch für Kundengeschenke angewendet werden, d. h. wenn Unternehmen ihren Kunden oder einem Mitarbeiter eines anderen Hauses ein Geschenk zukommen lassen möchten. Normalerweise übernimmt der Geber der Sachzuwendung die Versteuerung. Um eine doppelte Versteuerung zu vermeiden, muss dieser den Empfänger des Geschenkes über die Steuerübernahme informieren, damit der Empfänger nicht noch einmal selbst versteuert.

Die Berechnung der Versteuerung erfolgt wie bei den Mitarbeitergeschenken, allerdings entfällt der Sozialversicherungsanteil.

Auch hier gilt, dass eine einmal getroffene Entscheidung für das jeweilige Steuerjahr aufrechterhalten werden muss und für alle Kundengeschenke Anwendung findet. Es wird aber nicht bemängelt, wenn Sachzuwendungen an Arbeitnehmer verbundener Unternehmen vom Arbeitgeber dieser Mitarbeiter individuell besteuert werden. Die Herausforderung liegt darin, deren

Meldung zur Umsetzung der Pauschalierungszwecke zu organisieren.

Da das Gesetz sämtliche Geschenke im Sinne des § 4 Abs. 5 Satz 1 Nr. 1 EStG in die Pauschalierungsmöglichkeit einbezieht, werden auch Geschenke bis zur Freigrenze für den Betriebsausgabenabzug von 35 Euro erfasst. Die Pauschalierungsvorschrift hängt also nicht davon ab, ob die Geschenke als Betriebsausgaben abzugsfähig sind oder nicht. Ausgenommen sind lediglich die Sachzuwendungen, deren Anschaffungskosten 10 Euro nicht übersteigen (z. B. Kugelschreiber, Kalender, …). Darunter fasst man im allgemeinen Sprachgebrauch im Regelfall die „Streuwerbeartikel". Diese müssen nicht in die Pauschalierungsvorschrift des § 37b EStG einbezogen werden.

Arbeitgeber können entscheiden, ob das Pauschalierungswahlrecht nur für eigene Mitarbeiter (§ 37b Abs. 2 EStG) und auch für Kunden/Dritte (§ 37b Abs. 1 EStG) ausgeübt werden soll oder für beide oder gar nicht. Diese Entscheidungen können völlig unabhängig voneinander getroffen werden.

6.2.7 Gruppenunfallversicherung

Gruppenunfallversicherungen schließen Unternehmen gerne für ihre Mitarbeiter zur Sicherung bei Unfällen ab. Ob dabei ein geldwerter Vorteil entsteht, ist anhand einiger Fragestellungen zu klären.

Zunächst ist zu prüfen, welche Risiken versichert sind:

- Umfasst die Versicherung nur Unfälle im beruflichen Umfeld, so steht das betriebliche Interesse im Vordergrund und die Versicherung bleibt steuer- und sozialversicherungsfrei.

- Umfasst die Versicherung Unfälle im beruflichen und privaten Umfeld, ist diese grundsätzlich erst einmal als Arbeitslohn zu betrachten und damit steuerpflichtig und detaillierter zu prüfen.

Der nächste Prüfungsschritt umfasst das Bezugsrecht:

- Steht dieses rein dem Unternehmen zu, verbleiben die Beiträge wieder steuerfrei. Die Leistungen, die daraus entstehen, unterliegen dann allerdings der Steuerpflicht. Ob auch sozialversicherungsrechtlich Ansprüche entstehen, hängt davon ab, ob im weiteren Verlauf eine Pauschalierung der Lohnsteuer vorgenommen werden kann oder die Ermittlung der Lohnsteuer auf Basis der individuellen Lohnsteuerdaten erfolgt.

- Steht das Bezugsrecht dem Mitarbeiter zu, werden die Beiträge steuerpflichtig und die Leistungen verbleiben steuerfrei, um den Mitarbeiter im Falle eines Unfalls nicht zu belasten.

Der zu versteuernde Teil einer Gruppenunfallversicherung bzw. der Beiträge dazu kann mit 20 % pauschaliert werden, wenn mehrere Mitarbeiter gemeinsam in einem Unfallversicherungsvertrag versichert sind und der steuerpflichtige Durchschnittsbetrag 62 Euro (stieg ab 01.01.2020 auf 100 Euro) pro Jahr ohne Versicherungsteuer nicht übersteigt. Versteuert das Unternehmen die Beiträge pauschal, hat dies die Beitragsfreiheit der Prämie in der Sozialversicherung zur Folge.

Praxistipp

Die Versicherungsteuer darf nur bei der Ermittlung der Pauschalierungsgrenze, nicht bei der Pauschalierung selbst herausgerechnet werden.

Sind pro Mitarbeiter die individuellen Prämien ausgewiesen, sind diese pauschal zu versteuern, ansonsten die steuerpflichtige Durchschnittsprämie (inkl. Versicherungsteuer).

Die Gruppenunfallversicherung birgt besonders im Bereich der Führungskräfte noch eine Vielzahl an Details, die Sie als Unternehmen mit einem Steuerberater durchgehen und besprechen sollten.

6.2.8 Internet – Erstattung von Kosten an den Mitarbeiter

Ist der Mitarbeiter Anschlussinhaber, kann das Unternehmen die vom Arbeitnehmer nachgewiesenen Internetnutzungsgebühren bis zu 50 Euro pro Monat mit 25 % pauschalversteuert erstatten. Generell können die Kosten des Internetzugangs als steuerfreier Auslagenersatz erstattet werden, wenn diese belegmäßig nachgewiesen werden, wie bereits aufgezeigt.

Mit reduzierten Nachweisen kann der Arbeitgeber als Vereinfachung die Möglichkeit nutzen, Barzuschüsse zur Internetnutzung pauschal mit 25 % zu besteuern, wenn die Zuschüsse zusätzlich zum ohnehin geschuldeten Arbeitslohn gewährt werden. Dabei können sowohl die Grundgebühr als auch die laufenden Gebühren für die Internetnutzung, z. B. eine Flatrate, ersetzt werden.

Bei einer Begrenzung des Zuschusses auf maximal 50 Euro reicht es in der Regel aus, wenn der Arbeitgeber eine Bestätigung des Arbeitnehmers über den Betrag vorliegen hat, z. B. auch als Bestandteil einer gezeichneten Einkommensvereinbarung. Wenn aber das Finanzamt hier genauere Angaben wünscht und Belege sehen möchte, dann wäre der Mitarbeiter auch in der Haftung, wenn er hier falsche Angaben gemacht haben sollte und eine Nachversteuerung würde beim Mitarbeiter direkt erfolgen. Wir empfehlen mit Blick aus der Praxis, die

Beträge eher auf ca. 30 Euro monatlich zu begrenzen, falls ein Prüfer die echten Kosten beim Arbeitnehmer tatsächlich einmal nachfragt.

6.2.9 Mahlzeiten

Bei der Mahlzeitengewährung gegenüber Mitarbeitern sind folgende Fälle zu unterscheiden:

- Gewährung von Mahlzeiten im Rahmen einer Betriebskantine bzw. in einer nicht vom Arbeitgeber selbst betriebenen Kantine oder Gaststätte,

- Überlassung von Essensmarken/Restaurantschecks.

6.2.9.1 Gewährung von Mahlzeiten in einer eigenen Kantine

Werden Mahlzeiten in einer betriebseigenen Kantine verbilligt oder kostenfrei ausgegeben, sind diese lohnsteuer- und sozialversicherungsfrei, wenn der Mitarbeiter jeweils mindestens eine Eigenbeteiligung in Höhe der amtlichen Sachbezugswerte leistet. 2020 belaufen sich diese für

- ein Frühstück auf: 1,80 Euro,

- für ein Mittag- oder Abendessen auf: 3,40 Euro.

Erfolgt keine ausreichende Eigenbeteiligung des Mitarbeiters, so ist die Versteuerung des geldwerten Vorteils mit 25 % Pauschalsteuer denkbar.

Beispiel 1: Ihre Mitarbeiter zahlen derzeit 2 Euro für ein Mittagessen im Wert von 4 Euro in Ihrer Kantine. Der Sachbezugswert beläuft sich für 2020 auf 3,40 Euro, sodass der geldwerte Vorteil beim Mitarbeiter sich auf 0,60 Euro beläuft, der individuell oder mit 25 % Pauschalsteuer versteuert werden muss.

Beispiel 2: Die Mitarbeiter Ihres Unternehmens müssen für jedes Mittagessen ca. 4 Euro zahlen. Damit bezahlen sie mehr als den amtlichen Sachbezugswert und somit bleibt die Mahlzeit steuerfrei.

Beispiel 3: Sie stellen Ihren Mitarbeitern kostenfreie Mittagsverpflegung zur Verfügung. Dabei erhalten die Mitarbeiter eine Bockwurst und eine Portion Kartoffelsalat im Wert von insgesamt 2,20 Euro.

Obwohl der Wert der Mahlzeit niedriger ist als der amtliche Sachbezugswert für ein Mittagessen, ist für die Versteuerung der amtliche Sachbezugswert anzusetzen. Der zu versteuernde Betrag beläuft sich also auf 3,40 Euro.

Diese Grundlagen finden ebenfalls Anwendung, wenn die Kantine verpachtet ist und der Arbeitgeber Zuschüsse in Form von günstigeren Mieten an den Pächter oder in Form von Essenszuschüssen begrenzt auf die einzelne Mahlzeit vornimmt.

6.2.9.2 Essensmarken/Restaurantschecks

Viele Firmen setzen mittlerweile sogenannte Restaurantschecks ein, die ein Mitarbeiter von seiner Firma erhält und bei einer Gaststätte oder in Lebensmittelläden bei der Abgabe von Mahlzeiten in Zahlung genommen werden. Verbleibt der Wert eines Restaurantschecks bei maximal 6,50 Euro (amtlicher Sachbezugswert von 3,40 Euro zzgl. 3,10 Euro), so ist dieser Scheck dem Mitarbeiter ohne Abzüge zu überlassen, wenn der Arbeitgeber den amtlichen Sachbezugswert versteuert.

Weitere Voraussetzungen sind folgende:

- Es muss tatsächlich eine Mahlzeit (oder zum unmittelbaren Verzehr oder zum Verbrauch während der Essenpause geeignete Lebensmittel) abgegeben werden,

- Für jede Mahlzeit darf maximal eine Essensmarke täglich in Zahlung genommen werden,

- Die Essensmarke darf nicht an Mitarbeiter ausgehändigt werden, die eine Dienstreise, Einsatzwechseltätigkeit oder Fahrtätigkeit ausüben.

Um nicht jeden Arbeitstag überwachen zu müssen, wurde eine Vereinfachungsregel eingeführt, wonach die Anpassung der Zahl der Essensmarken (Rückforderung oder Abzug im Folgemonat) für Mitarbeiter entfällt, die im Kalenderjahr durchschnittlich an nicht mehr als drei Arbeitstagen je Kalendermonat Dienstreisen ausführen, wenn keiner dieser Arbeitnehmer im Kalendermonat mehr als 15 Essensmarken erhält.

Mittlerweile gibt es Scheck-Anbieter, die nicht eingelöste Beträge für Essensmarken an den Arbeitgeber zurückerstatten. Auch hier lohnt es sich also, genau zu prüfen, mit wem man die Zusammenarbeit angehen möchte.

6.2.9.3 Mahlzeiten im Rahmen von außergewöhnlichen Arbeitseinsätzen

Mahlzeiten, die Mitarbeitern gewährt werden, bleiben unter bestimmten Voraussetzungen komplett steuerfrei. Dies ist denkbar, wenn diese im überwiegend betrieblichen Interesse durchgeführt werden, also z. B.

- bei der Teilnahme an Geschäftsessen mit Kunden und anderen „fremden Dritten",

- bei sogenannten Arbeitsessen, also wenn die Gewährung der Mahlzeiten dazu beiträgt, betriebliche Abläufe effizient zu halten.

Als Beispiele lassen sich hier zwei Situationen benennen:

- Die IT-Abteilung muss abends aufgrund einer Systemumstellung länger arbeiten. Um die Updates zeitnah einspielen zu können, bestellt die Unternehmensleitung Pizza für die Mitarbeiter.

- Bei einem Tagesmeeting wird für alle Teilnehmer ein Catering ins Haus bestellt, sodass diese das Unternehmen nicht für ein Mittagessen verlassen müssen und so die Unterbrechung des Meetings für das Mittagessen zeitlich sehr kurz gestaltet werden kann.

Verbleiben die Kosten für das Essen hier je Mitarbeiter unter 60 Euro, können diese Mahlzeiten steuer- und sozialversicherungsfrei gewährt werden.

6.2.10 Unterkunft/Wohnung

Bei der Überlassung von Wohnungen/Unterkünften ist genau zu ermitteln, ob und welche geldwerten Vorteile hier entstehen.

Dabei ist wie folgt zu unterscheiden:

Eine **Wohnung** ist eine in sich geschlossene Einheit von Räumen, die

- eine selbstständige Haushaltsführung ermöglicht,

- über eine eigene Wasserver- und -entsorgung verfügt,

- eine Küche bzw. vergleichbare Kochgelegenheit beinhaltet,

- eine eigene Toilette aufweist.

Zur Ermittlung des geldwerten Vorteils ist dabei auf die „ortsübliche Miete" (bspw. anhand von Mietspiegeln bzw. vergleichbaren Veröffentlichungen) abzustellen. Unwichtig ist, ob Sie als Arbeitgeber Mieter oder Eigentümer der Wohnung sind.

Eine **Unterkunft** ist eine Wohnmöglichkeit, die keine Wohnung gemäß der oben angegebenen Kriterien ist, d. h. bestimmte Eigenschaften fehlen. Ob die Ausstattung mit Einrichtungsgegenständen durch den Arbeitgeber erfolgt, ist unerheblich.

Anzusetzen sind die amtlichen Sachbezugswerte nach der jährlich veröffentlichten Sachbezugsgrößenverordnung, für 2020 also 235 Euro monatlich.

Seit dem 01.01.2020 muss aber unter bestimmten Voraussetzungen kein geldwerter Vorteil mehr bei der verbilligten Überlassung von Wohnungen an Arbeitnehmer angesetzt werden.

6.2.11 VIP-Logen

VIP-Logen sind ein Sonderfall der Optionen, die über § 37b EStG versteuert werden können. Da sie sich in der Praxis oftmals finden, haben sie hier individuellen Eingang als selbstständiger Unterpunkt genommen.

Beispiel: Ein Arbeitgeber mietet für ein Spiel der Eishockey-Nationalmannschaft eine VIP-Loge zum Paketpreis von 30.000 Euro. Enthalten sind neben den Eintrittskarten, einer Stadienführung und der Möglichkeit zur Eigenwerbung ein exquisites Catering während des Spiels. Der Unternehmer macht von den steuerlichen Pauschalierungsmöglichkeiten Gebrauch, die im →*Kapitel „Incentives"* bereits Erläuterung gefunden haben.

6.3 Sonstige Leistungen an den Arbeitnehmer

6.3.1 Betriebliche Krankenversicherung

Im Rahmen der betrieblichen Krankenversicherung können Arbeitgeber für ihre Mitarbeiter für „kleines" Geld Zusatzversicherungen abschließen. Diese betriebliche Krankenversicherung gehört neben der Betriebsrente sowie der betrieblichen Berufsunfähigkeits- oder Unfallversicherung zu den betrieblichen Versorgungssystemen. Arbeitgeber können anstelle einer Lohnerhöhung oder Bonuszahlung in die Gesundheit ihrer Belegschaft investieren.

Die betriebliche Krankenversicherung bietet verschiedene private Zusatzversicherungen, die die gesetzliche Krankenversicherung ergänzen sollen, z. B. Zahnzusatz- und Brillenversicherungen, aber auch Chefarztbehandlungen oder Krankentagegeld sowie die Übernahme der Kosten für anstehende Vorsorgeuntersuchungen oder dergleichen.

Da die gesetzlichen Krankenkassen ihren Leistungskatalog immer weiter einschränken und beispielsweise die Kosten für Sehhilfen oder Zahnersatz oft gar nicht mehr übernehmen, gewinnt die private Vorsorge immer mehr an Bedeutung. Viele dieser privaten Gesundheitsversicherungen sind äußerst sinnvoll – wie viele Menschen benötigen im Laufe ihres Lebens etwa teuren Zahnersatz – doch oft sind die monatlichen Beiträge hoch oder die Versicherung kann aufgrund einer ungünstig ausgefallenen Gesundheitsprüfung gar nicht erst abgeschlossen werden.

Eine betriebliche Krankenversicherung ist immer eine Gruppenversicherung. Sie kann entweder für die gesamte Belegschaft oder aber für eine ausgewählte Gruppe abgeschlossen werden. Durch den „Mengenrabatt" sind die Beiträge meist erheblich günstiger als in einer individuell abgeschlossenen Versicherung. Zudem entfällt die normalerweise obligatorische Gesundheitsprüfung oder wird durch eine reduzierte Form ersetzt, sodass auch Personen mit Beeinträchtigungen in den Genuss einer privaten Zusatzversicherung kommen können. Bei einigen Tarifen ist es auch möglich, Familienmitglieder ebenfalls günstig mitzuversichern.

Um eine betriebliche Krankenversicherung abzuschließen, müssen bestimmte Bedingungen erfüllt sein. Zuallererst muss eine Mindestanzahl an Mitarbeitern versichert werden. Je nach Größe des Unternehmens kann die Grenze bei 5 oder auch bei 10 Mitarbeitern liegen. Dies ist jedoch abhängig von den jeweiligen Versicherungsgesellschaften. Da sehr detaillierte Prüfungen vorgenommen werden müssen, möchten wir diesbezüglich auf die Einschaltung von Spezialisten in diesem Umfeld verweisen.

Auch wenn dieses Medium etwas aufwendiger in der Einrichtung ist, so birgt es doch gerade zur Bindung der Stammbelegschaft viele Anreize, insbesondere in einer Zeit, in der Zusatzversicherungen in der Krankenkasse fast schon zu einer Art Standard geworden sind, um einen bestimmten Anspruch der Versicherten zu gewährleisten.

Praxistipp

Die betriebliche Krankenversicherung kann in der Regel auch nach einem Ausscheiden aus dem Unternehmen weitergeführt werden. In diesem Fall zahlt jedoch der ehemalige Arbeitnehmer selbst die anfälligen Beiträge.

In der Vergangenheit unterlagen diese Versicherungen bzw. die Beiträge dafür im Rahmen der 44 Euro–Sachbezugsfreigrenzen finanzierbar. Ab 01.01.2014 unterliegen sie der Steuerpflicht und konnten bei geschickter vertraglicher Gestaltung aber im Rahmen eines Auskunftsersuchens evtl. auf eine Pauschalsteueroption gebracht werden.

Das aktuelle Urteil des BFH aus August 2018 gibt nun die Zuschüsse zur betrieblichen Krankenversicherung wieder als anrechenbar über den 44 Euro-Sachbezug aus. Wie bereits näher erläutert, ist in solch einem Fall eine Differenzierung von Bar- und Sachlohn auf Grundlage der arbeitsvertraglichen Vereinbarungen vorzunehmen.

6.3.2 Kontoführungsgebühren

Beruflich veranlasste Kontoführungsgebühren stellen beim Arbeitnehmer zwar Werbungskosten dar. Ein Ersatz durch den Arbeitgeber ist jedoch mangels einer Steuerbefreiungsvorschrift steuerpflichtiger Arbeitslohn. Auch ein pauschalierter Ansatz ist hier nicht denkbar.

7 | Einholen Auskunftsersuchen

Die sog. Anrufungsauskunft ist in § 42e EStG i. V. m. R 42e LStR und H 42e LStH geregelt. Im Rahmen dieser können Arbeitgeber und/oder Arbeitnehmer Fragen des Lohnsteuerabzugsverfahrens stellen. Zuständig ist dabei immer das Betriebstättenfinanzamt des Unternehmens. Dieses stimmt die Auskunft ggf. mit anderen betroffenen Finanzämtern ab.

Dies kann wichtig sein, wenn ein Unternehmen z. B. mehrere Standorte mit verschiedenen Finanzämtern hat. Holen Sie sich in solchen Fällen immer die Freigabe des Finanzamtes vor Ort ein, in dessen Umfeld die Maßnahme durchgeführt werden soll. Soll eine bestehende Maßnahme ausgeweitet werden, so kann durchaus ein bereits positiv erteiltes Auskunftsersuchen bei anderen Finanzämtern vorgelegt und auf Basis dessen eine Erweiterung der Freigabe ersucht werden. Wichtig ist aber, dass Sie immer für die jeweilige Betriebsstätte eine Genehmigung vorliegen haben.

Da der Arbeitgeber einen Rechtsanspruch auf Auskunft hat, muss diese jeweils erteilt werden und kann somit dazu beitragen, Zweifelsfälle und Haftungsrisiken zu beseitigen bzw. zu minimieren. Dabei kann ein Auskunftsersuchen durchaus formlos und auch für zukünftige/geplante Sachverhalte gestellt werden. Im Rahmen des Lohnsteuerabzugsverfahrens bleibt dies auch kostenfrei für den Anfragenden.

Wichtig zu beachten ist aber, dass die Anrufungsauskunft nur gegenüber demjenigen verbindlich ist, der die Auskunft erbeten hat und dass die erteilte Auskunft nicht dauerhaft bindend ist. Ein Lohnsteuerprüfer kann diese z. B. im Rahmen einer Prüfung beenden. Allerdings kann er dies nur für die Zukunft und nicht für die Vergangenheit.

8 | Exkurs Abfindung

Abfindungen werden in Deutschland für den Verlust eines Arbeitsplatzes gezahlt. Im Regelfall entsteht auf diese kein Rechtsanspruch durch eine einfache Kündigung. In bestimmten Situationen können aber Abfindungen gerichtlich fixiert werden oder aber im Rahmen von Verhandlungen zur Beendigung eines Arbeitsverhältnisses vereinbart werden.

In der Praxis hat sich eine gewisse Faustformel gebildet, die nicht verbindlich ist, jedoch einen ersten Anhaltspunkt betreffend der Höhe der Abfindung bilden kann. Im Regelfall wird von einem halben Bruttomonatseinkommen pro Beschäftigungsjahr ausgegangen. Dies rechnet sich allerdings bei kurzen Arbeitsverhältnissen nicht unbedingt. § 1a KSchG sieht für die Höhe der Abfindung als Anhaltspunkt ebenfalls ein halbes Bruttomonatsentgelt pro Beschäftigungsjahr vor, wobei ein Zeitraum von mehr als 6 Monaten als ganzes Jahr gewertet wird. Entscheidenden Einfluss werden aber eher die regionalen Gepflogenheiten der jeweiligen Gerichte nehmen.

Abfindungen gehören zu den außerordentlichen Einkünften, die über mehrere Jahre erwirtschaftet wurden und in nur einem Jahr besteuert werden. Die Steuerprogression würde daher normalerweise zu einer sehr hohen Steuerbelastung des Arbeitnehmers führen.

Steuerrechtliche Betrachtung

Abfindungszahlungen unterlagen bis vor einigen Jahren noch in gestaffelter Form Steuerfreibeträgen. Heute sind Abfindungen in jedem Fall steuerpflichtig. Die Steuerlast wird aber gemildert durch die Anwendung der sogenannten Fünftelregelung bzw. der Berechnung der Abfindung als mehrjährigen Bezug.

Diese steuerliche Grundlage ist insbesondere bei hohen Abfindungszahlungen von großer Bedeutung. Den Arbeitgeber trifft hier zwar keine Beratungspflicht. Im Rahmen von Abfindungsverhandlungen sollte er aber bemüht sein, seinem Mitarbeiter die steuerrechtlich optimale Gestaltung der Abfindungszahlung angedeihen zu lassen, da sich dies ja erheblich auf den Nettowert auswirken kann, den ein Mitarbeiter aus einer Abfindung beanspruchen kann.

Abfindungen, die aus Anlass einer Entlassung aus dem Dienstverhältnis vereinbart werden (Entlassungsentschädigung), sind steuerbegünstigte Entschädigungen nach § 24 Nr. 1 i. V. m. § 34 Abs. 1 und 2 EStG, wenn die Abfindung in einem Veranlagungszeitraum gezahlt wird und durch die Zusammenballung von Einkünften erhöhte steuerliche Belastungen entstehen (sogenanntes „Zusammenballungsprinzip"). In diesem Fall wird mit der sogenannten Fünftelregelung eine gemilderte Progression erzielt.

Die gesamte Abfindung muss dabei grundsätzlich in einem Kalenderjahr zufließen. Wird sie in Teilbeträgen in mehreren Kalenderjahren gezahlt, unterliegt sie dem vollen Steuersatz.

Die Fünftelregelung kann nach der Rechtsprechung des Bundesfinanzhofs allerdings unter anderem dann noch angewendet werden, wenn dem Arbeitnehmer in einem Kalenderjahr die Hauptentschädigungsleistung und in dem anderen Kalenderjahr eine minimale Teilleistung zufließt. Dabei geht die Finanzverwaltung unter Berücksichtigung der vom Bundesfinanzhof entschiedenen Fälle von einer unschädlichen, minimalen Teilleistung aus, wenn die im anderen Kalenderjahr zufließende Teilleistung maximal 5 % der Hauptleistung beträgt.

Für die Anwendung der Fünftelregelung besteht darüber hinaus ein Prüfschema, welches Sie unbedingt durchgehen sollten. In nachfolgenden Schritten sind die Bestandteile dieses Schemas dargestellt:

Prüfschema

Schritt 1:

Abfindung > Gehalt,

das der Arbeitnehmer bei Weiterbeschäftigung noch bis zum Jahresende verdient hätte

→**Fünftelregelung anwendbar.**

Tipp

Falls sich die Hochrechnung hier besonders schwierig gestaltet, ist es als Hilfsmittel zulässig, auf die Bruttolohnsumme des Vorjahres zurück zu greifen.

Bei langjährigen Beschäftigungsverhältnissen reicht dieser Schritt meist aus, da sich die Abfindungen auf Basis der vorher ermittelten Faustformel durch eine entsprechend große Anzahl an Beschäftigungsjahren relativ hoch gestalten wird.

Ansonsten greifen Sie zu

Schritt 2:

Dieser vergleicht zwei Werte:

Wert 1 = Arbeitslohn, den der Mitarbeiter bei ungekündigtem Arbeitsverhältnis bezogen hätte. Zur Vereinfachung die Bruttolohnsumme des Vorjahres.

Wert 2 = Summe aus bereits gezahltem Arbeitsentgelt, Abfindung, im gleichen Jahr bezogene Nebenleistungen, weiterem Arbeitslohn beim nächsten Arbeitgeber oder Lohnersatzleistungen, wie z. B. Arbeitslosengeld.

Wert 2 > Wert 1

→**Fünftelregelung anwendbar.**

Zwei Beispiele sollen diese doch sehr theoretisch anmutenden Ansätze verständlicher gestalten:

Beispiel 1: Fritz Fröhlich bezieht ein Einkommen von 2.500 Euro monatlich und erhält zum 31.03.2019 eine Abfindung in Höhe von 20.000 Euro.

Bei Durchlaufen des Prüfschemas stellen sich folgende Fragen:

Ist die Abfindung > Gehalt?

Nein. Die Abfindung beläuft sich auf 20.000 Euro. Das Jahreseinkommen beliefe sich auf 2.500 Euro x 12 Monate = 30.000 Euro.

Das bedeutet, diese Abfindung ist als mehrjähriger Bezug zu versteuern.

Beispiel 2: Lisa Lustig hat ein Einkommen von 2.500 Euro monatlich und erhält eine Abfindung zum 31.03.2019 in Höhe von 40.000 Euro.

Ist die Abfindung > Gehalt?

Ja. Die Abfindung beläuft sich auf 40.000 Euro, das Jahreseinkommen auf 2.500 Euro x 12 Monate = 30.000 Euro.

Damit ist die Fünftelregelung anwendbar.

Unter Berücksichtigung der Fünftelregelung berechnet sich die Steuer grob wie folgt: Die Steuer für die Abfindung beträgt das Fünffache des Differenzbetrags aus der Steuerlast des normalen zu versteuernden Einkommens und der Steuerlast des um ein Fünftel der Abfindung erhöhten Einkommens.

Vereinfacht gesprochen bedeutet dies: Sie ermitteln die Steuerlast des normalen Einkommens, indem Sie in unserem Beispiel aus der Lohnsteuertabelle die Lohnsteuer aus den 30.000 Euro Jahreseinkommen ermitteln.

In Beispiel 1 erhöhen Sie diesen Betrag von 30.000 Euro dann um 4.000 Euro (Abfindungssumme von 20.000 Euro : 5 = 4.000 Euro). Mit diesen 34.000 Euro gehen Sie dann erneut in die Lohnsteuertabelle und lesen den daraus resultierenden Lohnsteuerbetrag. Von diesem ziehen Sie die Lohnsteuer ab, die bereits auf die 30.000 Euro Jahreseinkommen entfallen. Den verbleibenden Betrag multiplizieren Sie mit fünf und erhalten somit den auf die Abfindung entfallenden Steuerbetrag. Dieser Betrag wird sich nicht ganz genau auf der Lohnabrechnung nachvollziehen lassen, da die Steuerparameter diese vereinfachte Berechnung nicht mehr ganz zulassen. Für eine überschlägige Berechnung ist dies aber durchaus ausreichend und auch für eine Erklärung gegenüber Ihren Mitarbeitern.

Da die Fälligkeit im Fall eines Abfindungsvergleichs eine Frage der freien Vereinbarung ist, macht es also durchaus Sinn, die Fälligkeit einer Abfindung erst für das nächste Jahr zu vereinbaren, wenn man hofft, dadurch wegen der Steuerprogression besser dazustehen. Dabei gilt es allerdings, das Insolvenzrisiko im Auge zu behalten bzw. gegenüber dem Mitarbeiter abzusichern.

Darüber hinaus lässt die Rechtsprechung zu, weitere Bestandteile – sogenannten Nebenleistungen – dem Arbeitnehmer zukommen zu lassen, ohne dass sich dies für den Mitarbeiter nachteilig auswirkt. Häufig wird hier z. B. die Möglichkeit der weiteren Nutzung des Firmenwagens bis zum Ausscheiden aus dem Unternehmen oder aber die zeitlich befristete Übernahme von Versicherungsbeiträgen in eine betriebliche Altersversorgung vereinbart. Der Gesetzgeber lässt dies zu, solange die Nebenleistungen maximal 50 % der Hauptleistung umfassen.

Unter Umständen können die mit einer Abfindungsregelung im Zusammenhang stehenden Kosten als Werbungskosten abgesetzt werden. Nach dem Bundesfinanzhof gilt (Leitsatz): „Es spricht regelmäßig eine Vermutung dafür, dass Aufwendungen für aus dem Arbeitsverhältnis folgende zivil- und arbeitsgerichtliche Streitigkeiten einen den Werbungskostenabzug rechtfertigenden hinreichend konkreten Veranlassungszusammenhang zu den Lohneinkünften aufweisen. Dies gilt grundsätzlich auch, wenn sich Arbeitgeber und Arbeitnehmer über solche streitigen Ansprüche im Rahmen eines arbeitsgerichtlichen Vergleichs einigen."

Es wird sich also durchaus auch für den Mitarbeiter lohnen, sich im Falle einer anstehenden Abfindungszahlung Unterstützung durch einen versierten Steuerberater zu holen.

Zwei Gestaltungshinweise dazu:

1. Abfindungen können nach Klarstellung durch die Finanzverwaltung seit Ende 2013 auch für die dauerhafte Reduzierung der Arbeitszeit aus betrieblichen Gründen gezahlt werden. Sie sind also nicht mehr zwingend an das Ende eines Arbeitsverhältnisses gebunden.

2. Auch geringfügige Beschäftigungsverhältnisse können mit Zahlung einer Abfindung beendet werden.

Tipp

Bei Zahlung einer Abfindung ist eine Pauschalierung nicht denkbar. Das Arbeitsverhältnis muss für den Abfindungsmonat nach den individuellen Steuermerkmalen abgerechnet werden.

Insbesondere wenn Pfändungen bei einem Mitarbeiter anstehen, macht es Sinn, sich hier über die weitere Gestaltung Gedanken zu machen. Abfindungen sind nämlich z. B. voll pfändbar und kämen dem Betroffenen daher in einem solchen Fall gar nicht zu Gute. Eine Lösungsmöglichkeit könnte die Umwandlung einer Abfindung zu Teilen in eine betriebliche Altersversorgung sein. Da hier aber sehr viele Details Berücksichtigung finden müssen, ist es an dieser Stelle nicht möglich, eine kompetente Beratung zu ersetzen. Daher sollen die nachfolgenden Hinweise im Exkurs Pfändung ausreichen, um die Optionen und Möglichkeiten ein wenig klarer zu machen.

9 | Exkurs Pfändungen

Unter einer Pfändung versteht man im Rahmen der Lohnabrechnung die Beschlagnahme von Gehaltsbestandteilen zum Zwecke der Gläubigerbefriedigung. Diese geschieht auf Antrag eines Gläubigers, wenn ein Schuldner offene Forderungen nicht begleichen kann. Eine Pfändung ist eine Form der Zwangsvollstreckung. In Deutschland richtet sich die Pfändung nach den Vorschriften der Zivilprozessordnung (ZPO), wonach ein Schuldner bei Einkommenspfändungen einen Teil seines monatlichen Nettoeinkommens behalten darf.

Der Arbeitgeber muss die vorgegebenen Pfändungsfreibeträge laut der aktuellen „Pfändungstabelle" gemäß § 850c ZPO beachten. Die Pfändungsfreigrenze bei Schulden richtet sich u. a. auch nach der Anzahl der Unterhaltspflichtigen. Die gesetzliche Unterhaltspflicht kann gegenüber Kindern, Eltern, Großeltern, Enkeln und Ehegatten bestehen, auch getrennt lebend oder geschieden. Unterhaltspflicht besteht auch gegenüber einem nicht verheirateten Elternteil, der ein Kind bis zum dritten Lebensjahr betreut und gegenüber eingetragenen Lebenspartnern.

Bei der Berechnung der Pfändungsgrenzen zählen natürlich nur die Personen, für die tatsächlich Unterhaltspflicht besteht und für die auch Unterhalt gezahlt wird. Anhaltspunkt kann hier die Eintragung auf der Lohnsteuerkarte bzw. mittlerweile der über ELStAM rückübermittelte Kinderfreibetrag sein.

Hinweis

Auch wenn gemäß ELStAM ein Kinderfreibetrag von 0,5 gemeldet wurde, wird dies bei der Lohnpfändung als ein voller Unterhaltsberechtigter behandelt.

Sie sind als Arbeitgeber gesetzlich zur Lohnpfändung verpflichtet. Allerdings wird dabei der nicht pfändbare Teil oftmals zum Nachteil für den Arbeitnehmer nicht korrekt ermittelt. Der pfändungsfreie Betrag kann auf Antrag des betroffenen Schuldners erhöht werden, wenn er ansonsten den notwendigen Lebensunterhalt nicht sicherstellen kann, z. B. bei mehr als fünf unterhaltsberechtigten Personen, hohen Unterkunftskosten, Diätverpflegung.

Pfändbare und unpfändbare Zusatzvergütungen

Oftmals sind in Arbeitsverträgen zusätzliche Sondervergütungen zum regulären Gehalt vereinbart oder werden zusätzlich gewährt. Manche unterliegen voll der Pfändung, andere nur teilweise oder gar nicht.

Achtung: Voll pfändbar sind Zuschläge für Nacht-, Schichtarbeit, Zuschläge für Arbeit an Sonn- und Feiertagen, Essenszuschüsse und geldwerte Vorteile für die private Mitnutzung eines Dienstwagens.

Unpfändbar sind aber nach der Zivilprozessordnung folgende Arbeitseinkommen:

- die Hälfte des Arbeitseinkommens aus geleisteten Mehrarbeitsstunden,
- die für die Dauer eines Urlaubs über das Arbeitseinkommen hinaus gewährten Bezüge,

- Zuwendungen aus Anlass eines besonderen Betriebsereignisses und Treuegelder, soweit sie sich im üblichen Rahmen bewegen,

- Auslösungsgelder,

- Aufwandsentschädigungen und

- sonstige soziale Zulagen für auswärtige Beschäftigungen,

- Gefahrenzulagen sowie

- Schmutz- und Erschwerniszulagen – soweit diese Bezüge den Rahmen des Üblichen nicht übersteigen,

- Entgelt für selbst gestelltes Arbeitsmaterial,

- Weihnachtsvergütungen bis zum Betrag der Hälfte des monatlichen Arbeitseinkommens, höchstens aber bis zu einem Betrag von 500 Euro,

- Heirats- und Geburtsbeihilfen, sofern die Vollstreckung wegen anderer als der aus Anlass der Heirat oder Geburt entstandenen Ansprüche betrieben wird,

- Studienbeihilfen, Erziehungsgelder und ähnliche Beihilfen,

- Sterbe- und Gnadenbezüge aus Arbeits- und Dienstverhältnissen.

Nicht pfändbar sind bei Arbeitnehmern zudem:

- Einzahlungen für die Riester-Rente,

- betriebliche Leistungen für die Altersvorsorge und auch

- Beiträge für vermögenswirksame Leistungen.

Diese stehen dem Gepfändeten nämlich zum Pfändungszeitpunkt nicht zur freien Verfügung. Werden die eingezahlten Summen beim VWL–Sparen nach sieben Jahren, bei betrieblichen Altersversorgungen erst im Rentenalter ausgezahlt, könnte der Gepfändete bereits über ein Verbraucherinsolvenzverfahren und der Restschuldbefreiung schuldenfrei sein und kein pfändbarer Anspruch mehr auf diese Gelder bestehen.

Änderungen der Pfändungsfreigrenzen ergeben sich zukünftig am 01.07. jedes ungeraden Jahres entsprechend der prozentualen Entwicklung des steuerlichen Grundfreibetrags nach § 32a Abs. 1 Nr. 1 EStG. Ausschlaggebend ist dabei der steuerliche Grundfreibetrag am 01.01. des jeweiligen Jahres.

Sie sehen: Selbst im Falle einer Pfändung können Arbeitgeber durch entsprechende Einkommensgestaltung Einfluss auf die Höhe der pfändbaren Bezüge nehmen und vor allem durch eine genaue Überprüfung der abgeführten Pfändungssummen ihre Mitarbeiter entlasten. Bitte vergessen Sie nicht, dass die meisten Menschen nicht absichtlich in eine solche Situation gerieten und daher zwar meist peinlich berührt, echter Hilfestellung aber nicht abgeneigt sind.

10 Weitere Unterstützungsmaßnahmen für Mitarbeiter in der Krise

10.1 Steuerfreier Zuschuss von 1.500 Euro möglich

Viele Arbeitnehmer arbeiten in der Corona-Krise derzeit unter erschwerten Bedingungen, um die Versorgung der Allgemeinheit weiter zu gewährleisten. So z. B. Personal im ärztlichen und pflegerischen Bereich, Kassierer, LKW-Fahrer etc.

Um dies stärker zu honorieren, können Arbeitgeberinnen und Arbeitgeber ihren Beschäftigten nun Beihilfen und Unterstützungen bis zu einem Betrag von 1.500 Euro steuerfrei auszahlen oder als Sachleistungen gewähren.

Erfasst werden Sonderleistungen, die die Beschäftigten zwischen dem 01.03.2020 und dem 31.12.2020 erhalten. Voraussetzung ist, dass die Beihilfen und Unterstützungen zusätzlich zum ohnehin geschuldeten Arbeitslohn geleistet werden. Die steuerfreien Leistungen sind im Lohnkonto aufzuzeichnen. Andere Steuerbefreiungen und Bewertungserleichterungen bleiben hiervon unberührt. Die Beihilfen und Unterstützungen bleiben auch in der Sozialversicherung beitragsfrei.

Mit der Steuer- und Beitragsfreiheit der Sonderzahlungen wird die besondere und unverzichtbare Leistung der Beschäftigten in der Corona-Krise anerkannt. Sie gilt für alle Berufsgruppen.

10.2 Das neue Kurzarbeitergeld

Kurzarbeitergeld hat sich in der Vergangenheit als wirksames finanzpolitisches Instrument erwiesen. Verfolgt werden sollen hier zwei Ansätze: Zum einen wird ein starker Anstieg der Arbeitslosigkeit vermieden. Zum anderen können viele Unternehmen ihre Mitarbeitenden so weiter beschäftigen und verlieren kein wichtiges Know-how und keine eingearbeiteten Fachkräfte.

Bislang konnten Unternehmen außer aus saisonalen Gründen und bei Transfermaßnahmen Kurzarbeitergeld beantragen, wenn mindestens ein Drittel der Belegschaft von einem erheblichen Arbeitsausfall betroffen ist, und zwar wegen einer schwierigen wirtschaftlichen Entwicklung oder wegen eines unvorhersehbaren Ereignisses wie etwa einem Hochwasser.

Nun wurde rückwirkend ab 01. März die Zugangsschwelle gesenkt: Lohnkostenzuschüsse gibt es bereits, wenn 10 % der Belegschaft von Arbeitsausfall betroffen sind. Zudem werden die Beiträge zur Sozialversicherung laut Beschluss des Koalitionsausschusses komplett von der Agentur für Arbeit übernommen. Bisher mussten die Arbeitgeber diese zumindest anteilig übernehmen. Neu ist weiterhin, dass das Kurzarbeitergeld befristet für Leiharbeitende bezahlt wird. Bisher gilt ein Arbeitsausfall in der Leih- und Zeitarbeit als „branchenübliches Risiko", für das die Bundesagentur für Arbeit nicht aufkommt.

Die Voraussetzungen wurden mit verschiedenen Verordnungen nun stetig besser umsetzbar für die Praxis: kürzere Antragsverfahren, Abbau von Urlaub nur aus dem Vorjahr, Abbau von Überstunden, die nicht mindestens ein Jahr alt sind und nicht als Wertguthaben definiert wurden sowie die arbeitsrechtliche Genehmigung zur Einführung von Kurzarbeit durch vertragliche Regelungen mit den Arbeitnehmern individuell oder aber durch den Betriebsrat, sollte es einen geben.

Die Höhe des Kurzarbeitergeldes orientiert sich an der Höhe anderer Lohnersatzleistungen wie dem Arbeitslosengeld. Es werden 60 % des ausgefallenen Nettolohns erstattet, bis zu einer Dauer von zwölf Monaten. Liegen auf dem gesamten Arbeitsmarkt außergewöhnliche Verhältnisse vor, kann das Bundesarbeitsministerium die Bezugsdauer mit einer Verordnung auf zwei Jahre verlängern.

Diese neuen Regelungen für das Kurzarbeitergeld stellen eine Ergänzung im ohnehin geplanten Entwurf für das „Arbeit-von-morgen-Gesetz" des Arbeitsministeriums dar. Das gesamte Gesetz bezieht sich vor allem auf den Strukturwandel, der durch die zunehmende Digitalisierung und Automatisierung ausgelöst wird.

Ohne die derzeitige Epidemie hätte es aber wohl keine Verordnungsermächtigung für die Bundesregierung gegeben, die es erlaubt – sofern Bundestag und Bundesrat zustimmen – ohne weitere Befassung des Parlaments die Regeln für Kurzarbeit zu ändern. Das gilt nur für eine bestimmte Zeit. So ist derzeit festgelegt, dass die veränderten Regeln zunächst bis Jahresende gelten. Die Verordnungsermächtigung für die Regierung läuft bis Ende 2021.

10.3 Corona Grundsicherung - Vereinfachter Antrag zu ALG II

Aufgrund der aktuellen Situation haben sehr viele Menschen Sorgen um ihre finanzielle Existenz. Kurzarbeitgeldempfänger, aber auch von Einkommenseinbußen betroffene Freiberufler, Solo-Selbstständige, Kleinunternehmer und Geschäftsführer, die zudem kein Kurzarbeitergeld erhalten können, benötigen hier Unterstützung.

Die Arbeitsagentur informiert, welche Option in dieser Situation der Bezug von Grundsicherung (auch genannt: Arbeitslosengeld II oder „Hartz IV") sein kann. Der Zugang zu dieser finanziellen Leistung wurde durch das Sozialschutz-Paket der Bundesregierung vorübergehend erheblich erleichtert. Seit 03.04.2020 ist auch ein vereinfachter Antrag verfügbar.

Das Sozialpaket gilt für

- Kurzarbeiter oder Bezieher von Arbeitslosengeld: das Einkommen ist deshalb so stark verringert, dass der Lebensunterhalt der Familie nicht mehr gesichert werden kann.

- Freiberufler, Solo-Selbstständiger oder Kleinunternehmer, die in finanzieller Not sind, weil sie einen Großteil ihrer Aufträge verloren haben.

Bezieht ein Arbeitnehmer bereits Grundsicherung bzw. endet der Bezug in der Zeit vom 31.03.2020 bis einschließlich 30.08.2020, dann bezahlt die Agentur für Arbeit automatisch weiter - auch ohne einen Weiterbewilligungsantrag.

Durch das neue Gesetz gelten für die Grundsicherung geänderte Regeln: Wenn der Bewilligungszeitraum zwischen dem 01.03.2020 und dem 30.06.2020 beginnt, darf Erspartes (Vermögen) in den ersten 6 Monaten, in denen Leistungen bezogen werden, in gewissem Umfang beibehalten werden.

In den ersten 6 Monaten des Leistungsbezugs gilt außerdem Folgendes: Wer erstmalig einen Antrag stellt, dem werden die Ausgaben für Wohnung und Heizung in jedem Fall in ihrer tatsächlichen Höhe anerkannt. Das bedeutet: Niemand, der zwischen dem 01.03.2020 und dem 30.06.2020 einen Antrag auf Grundsicherung stellt, muss deshalb jetzt umziehen.

Die Anträge auf Grundsicherung findet man als:

- Angestellter: *www.arbeitsagentur.de/datei/ba146399.pdf*

- Selbstständiger: *www.arbeitsagentur.de/datei/vereinfachte-anlage-kas_ba146400.pdf*

10.4 Notfall-Kinderzuschlag als Part des Sozialschutz-Pakets

Das Sozialschutz-Paket sieht den Notfall-Kinderzuschlag (auch: Notfall-KiZ) als eine Möglichkeit der finanziellen Absicherung vor.

Der Notfall-KiZ soll Unterstützung bieten, wenn der Verdienst nicht für den Lebensunterhalt der Familie ausreicht. Das kann z. B. passieren, wenn jemand

- Kurzarbeitergeld erhält,

- selbstständig ist und derzeit keine oder verringerte Einnahmen hat,

- weniger Bezüge durch entfallene Überstunden vorliegen oder

- derzeit Arbeitslosengeld oder Krankengeld bezogen wird.

Der Notfall-KiZ beträgt monatlich bis zu 185 Euro pro Kind.

Die grundlegenden Voraussetzungen für den Kinderzuschlag gelten weiterhin. Diese finden Sie auf der Seite der Bundesagentur für Arbeit: Kinderzuschlag: Anspruch, Höhe, Dauer.

Folgende Änderungen gelten durch den Notfall-KiZ:

- Eltern müssen nur noch ihr Einkommen im Monat vor der Antragstellung nachweisen. Wird der Antrag z. B. im April gestellt, muss nur noch das Einkommen für den März nachgewiesen werden. Diese Regelung gilt befristet bis zum 30.09.2020.

- Erhält jemand bereits den Höchstbetrag von 185 Euro pro Kind, wird der KiZ-Bezug automatisch um 6 Monate verlängert.

- Bezieht man aktuell Kinderzuschlag und erhält weniger als 185 Euro pro Kind, kann man seinen KiZ-Anspruch überprüfen lassen.

- Vermögen wird beim Kinderzuschlag nur noch in Ausnahmefällen berücksichtigt.

Die genauen Änderungen finden sich im Bundesgesetzblatt Nr.14, Artikel 6.

10.5 Änderungen bei kurzfristigen Beschäftigungen

Eine kurzfristige Beschäftigung liegt vor, wenn die Beschäftigung von vornherein auf nicht mehr als drei Monate oder insgesamt 70 Arbeitstage im Kalenderjahr begrenzt ist. Der Drei-Monats-Zeitraum ist anzuwenden, wenn der Minijob an mindestens fünf Tagen in der Woche ausgeübt wird. Bei Beschäftigungen von regelmäßig weniger als fünf Tagen in der Woche, ist auf den Zeitraum von 70 Arbeitstagen abzustellen.

Für das Zeitfenster 01.03.2020 bis 31.10.2020 wurden hier die Optionen erweitert auf fünf Monate oder 115 Arbeitstage angehoben. Für eine kurzfristige Beschäftigung werden keine Beiträge zur Rentenversicherung gezahlt und somit auch keine Rentenanwartschaften erworben. Die Höhe des Verdienstes spielt keine Rolle. Maßgeblich ist, dass die Beschäftigung von vornherein vertraglich oder aufgrund ihrer Eigenart - zum Beispiel bei Erntehelfern - befristet und nicht berufsmäßig ausgeübt wird. Insbesondere mit Blick auf die Saisonkräfte in der Landwirtschaft werden die Zeitgrenzen befristet ausgeweitet, weil aufgrund der Corona-Pandemie diese voraussichtlich in deutlich geringerer Anzahl zur Verfügung stehen.

Eine Pauschalierung der Lohnsteuer mit 25 % des Arbeitslohns ist seit 01.01.2020 bei kurzfristig beschäftigten Arbeitnehmern zulässig, wenn der durchschnittliche Arbeitslohn je Arbeitstag 120 Euro (statt bisher 72 Euro) nicht übersteigt. Außerdem wurde der pauschalierungsfähige durchschnittliche Stundenlohn von 12 Euro auf 15 Euro erhöht.

Neu eingefügt wurde zum 01.01.2020 der Verzicht auf den Abruf von elektronischen Lohnsteuerabzugsmerkmalen für Bezüge von kurzfristigen, im Inland ausgeübten Tätigkeiten beschränkt steuerpflichtiger Arbeitnehmer, die einer ausländischen Betriebsstätte des Arbeitgebers zugeordnet sind. Hier kann eine Pauschalversteuerung mit 30 % des Arbeitslohns vorgenommen werden. Vorsicht: steuerlich liegt eine kurzfristige Tätigkeit nur vor, wenn die im Inland ausgeübte Tätigkeit 18 zusammenhängende Arbeitstage nicht übersteigt.

10.6   Hinzuverdienstgrenze für Rentner erhöht

Durch die Corona-Krise besteht derzeit ein besonders hoher Bedarf an medizinischem Personal. Aber auch in anderen systemrelevanten Bereichen kann es zu Personalengpässen aufgrund von Erkrankungen oder Quarantäneanordnungen kommen.

Um die Weiterarbeit oder Wiederaufnahme einer Beschäftigung nach Renteneintritt zu erleichtern, hat die Bundesregierung die im jeweiligen Kalenderjahr geltende Hinzuverdienstgrenze für das Jahr 2020 von 6.300 Euro auf 44.590 Euro angehoben. Jahreseinkünfte bis zu dieser Höhe führen somit nicht zu einer Kürzung einer vorgezogenen Altersrente. Ab dem Jahr 2021 gilt dann wieder die bisherige Hinzuverdienstgrenze von 6.300 Euro pro Kalenderjahr. Hierauf weist die Deutsche Rentenversicherung Nord in Lübeck hin.

Die dargestellten Änderungen basieren auf dem in Kraft getretenen „Gesetz für den erleichterten Zugang zu sozialer Sicherung aufgrund des Coronavirus SARS-CoV-2 (Sozialschutz-Paket)". Die Anhebung der Hinzuverdienstgrenzen gilt für Neu- und Bestandsrentnerinnen und –rentner. Keine Änderungen gibt es hingegen bei den Hinzuverdienstregelungen für Renten wegen verminderter Erwerbsfähigkeit und bei der Anrechnung von Einkommen auf Hinterbliebenenrenten.

11 | Ausblick

Eine Vielzahl von Gestaltungsspielräumen liegt in der oftmals als langweilig verpönten Materie der Lohn- und Gehaltsabrechnung sowie den dieser zugrundeliegenden Lohnsteuerrichtlinien und der Sozialgesetzgebung. Machen Sie sich diese Themenstellungen zu eigen oder aber nutzen Sie Menschen mit fachlicher Expertise, um Ihren Mitarbeitern etwas Besonderes zu bieten. Sie sollten dabei keine Risiken lohnsteuerlich und sozialversicherungsseitig eingehen, können aber vielleicht in der gegenwärtigen Krisensituation einige Erleichterungen schaffen.

Ihr Unternehmen ist etwas Besonderes? Ihre Mitarbeiter sind der Hauptbestandteil davon und verdienen daher eine besondere Behandlung. Seien Sie gewiss, dass diese Ihnen dies danken werden.

Anhang – Abkürzungsverzeichnis

AN	Arbeitnehmer
bAV	betriebliche Altersvorsorge
BBG	Beitragsbemessungsgrenze
BFH	Bundesfinanzhof
BLP	Bruttolistenpreis
BMF	Bundesministerium der Finanzen
ELStAM	Elektronische Lohnsteuer Abzugs Merkmale
ESt	Einkommensteuer
EStG	Einkommensteuergesetz
FG	Finanzgericht
GWV	Geldwerter Vorteil
i. V. m.	in Verbindung mit
KV	Krankenversicherung
LStH	Hinweise zu den Lohnsteuer-Richtlinien
LStR	Lohnsteuer-Richtlinien
MwSt	Mehrwertsteuer
OFD	Oberfinanzdirektion
p. a.	per anno
RV	Rentenversicherung
SGB V	Sozialgesetzbuch Fünftes Buch
SvEV	Verordnung über die sozialversicherungsrechtliche Beurteilung von Zuwendungen des Arbeitgebers als Arbeitsentgelt
TVG	Tarifvertragsgesetz
VWL	Vermögenswirksame Leistung
ZPO	Zivilprozessordnung

TRIALOG

Das Online-Magazin für erfolgreiche Unternehmer und Selbstständige

Der TRIALOG bietet Ihnen alles Wichtige zur Unternehmensführung:

- Personal & Führung
- Steuern & Finanzen
- Wirtschaft & Recht
- Technolog e

Handfeste Beispiele aus der Praxis, Checklisten, erklärende Videos sowie Tipps und Tricks zeigen die Relevanz der Themen im unternehmerischen Alltag.

Daneben werden auch passende DATEV-Angebote vorgestellt. Für jede Branche und Unternehmensgröße – vom Systemhaus-Start-up über den landwirtschaftlichen Großbetrieb bis zur international tätigen Spedition.

Verpassen Sie keine wichtigen Informationen und abonnieren Sie den TRIALOG als RSS-Feed oder als TRIALOG-Newsletter.

Unsere Buchtipps

Immer aktuell und fundiert!

Informieren Sie sich mit DATEV-Büchern fundiert, verständlich und immer aktuell zu Fachthemen.

Erfahren Sie im Buch „Praxishandbuch Lohn und Personal 3. Auflage" mehr zu:
- Personalgewinnung und Mitarbeiterbindung
- Arbeitsrechtliche Grundlagen
- Lohn- und Gehaltsabrechnung mit DATEV und dem Steuerberater

Lesen Sie im Buch „Reisekosten 2020" mehr über:
- Steuerliche Behandlung von Reisekosten in der Lohnabrechnung
- Neue Regelungen für Berufskraftfahrer
- Aktuelle Auslandsreisekostenpauschalen